高等院校"互联网+"精品教材系列

物联网项目设计与实施

主编 顾振飞 宋丽 张波
副主编 胡锦丽 昌厚峰 崔鹏 陈嵚崟 洪顺利 徐红叶

电子工业出版社
Publishing House of Electronics Industry
北京·BEIJING

美丽中国——广西桂林漓江风光

内 容 简 介

本书选取了智慧酒店、智慧商超、智慧牧场和智慧家庭等4个典型的智慧物联网项目作为教学载体,介绍了ZigBee、Wi-Fi和LoRa等物联网通信技术以及智慧物联网项目的规划与实施过程。项目内容的编排采用了行动导向教学法,每个项目都包含4个任务,分别是:需求分析、方案设计、应用开发和集成部署,致力于使学习过程与职业岗位的工作过程对接,有利于在学习的过程中培养学生的行动能力。

本书为应用型本科和高职高专院校相应课程的教材,也可作为物联网等行业技术人员的自学参考书,以及职业院校技能大赛"物联网应用开发"赛项的赛前指导教材。

本书配有电子版任务工单、教学课件、示例代码等大量教学资源,详见前言。

未经许可,不得以任何方式复制或抄袭本书之部分或全部内容。
版权所有,侵权必究。

图书在版编目(CIP)数据

物联网项目设计与实施 / 顾振飞,宋丽,张波主编.
北京 : 电子工业出版社,2024. 12. -- (高等院校"互联网+"精品教材系列). -- ISBN 978-7-121-49183-2

Ⅰ. TP393.4;TP18

中国国家版本馆 CIP 数据核字第 2024JF5830 号

责任编辑:陈健德(E-mail:chenjd@phei.com.cn)
印　　刷:天津画中画印刷有限公司
装　　订:天津画中画印刷有限公司
出版发行:电子工业出版社
　　　　　北京市海淀区万寿路173信箱　邮编 100036
开　　本:787×1 092　1/16　印张:12.75　字数:326.4 千字
版　　次:2024 年 12 月第 1 版
印　　次:2024 年 12 月第 1 次印刷
定　　价:56.00 元

凡所购买电子工业出版社图书有缺损问题,请向购买书店调换。若书店售缺,请与本社发行部联系,联系及邮购电话:(010) 88254888,88258888。

质量投诉请发邮件至 zlts@phei.com.cn,盗版侵权举报请发邮件至 dbqq@phei.com.cn。

本书咨询联系方式:chenjd@phei.com.cn。

前言

物联网技术的快速发展使各种设备能够互相连接,实现数据的交互和共享。这种智能互联的网络使我们的生活更加便利和智能,例如:可以通过连接各种设备,实现对智能家居的自动化控制,从而提高家居的安全性和能源的利用效率。物联网技术的快速发展催生了大量的人才需求,因此高职院校在多个专业开设了物联网课程。为了实现课程内容与职业标准对接、教学过程与生产过程对接,编者联合企业,结合多年的教学与工程实践经验编写了本书。

本书主要介绍基于物联网技术实现的智慧物联网项目的开发与应用,选取了生活中典型的 4 个应用场景作为载体,包括智慧酒店、智慧商超、智慧牧场和智慧家庭,从 0 到 1 为读者介绍项目从"需求分析"到"项目实施"的实现全过程。采用行动导向教学法的实施步骤编排各任务的教学内容,十分有利于学生较快地掌握知识与实践技能。

本书具有以下特色:

一是通过日常教学融入思政内容。在本课程项目的制作过程中,由授课老师介绍行业著名的全国劳动模范、五一劳动奖章获得者等大国工匠事迹,学习他们的劳动精神、敬业精神、职业素质等,培养学生正确的人生观、劳动观、创新能力、担当意识、职业素养等;通过封面的伟大成就,书眉的高铁、大飞机、空间站,扉页的美丽中国等图片,培养学生的制度自信、文化自信、奉献精神、爱国情怀等,使其成为德、智、体、美、劳全面发展的社会主义建设者和接班人。

二是内容编排遵循职业能力成长规律。将各技术在行业中的典型应用作为教学载体,采用"项目引领、任务驱动"的模式,以行动导向教学法的实施步骤为主线来编排各任务。例如:本书设计了任务描述与要求、知识储备、任务计划、任务实施、任务检查与评价环节。

三是本书为每个任务设计了任务工单,通过二维码文件形式提供给教师和学生,学生通过实践操作并完成任务工单,能够培养和提升其行动能力。

本书每个项目的参考学时为 24 学时,各项目与任务的学时建议如下表所示:

项目名称	任务名称	涉及内容	建议学时
项目 1 智慧酒店项目设计与实施	任务 1.1 项目需求分析	项目规划与实施 物联网平台应用 传感网应用开发	4
	任务 1.2 系统方案设计		4
	任务 1.3 系统应用开发		8
	任务 1.4 系统集成部署		8
项目 2 智慧商超项目设计与实施	任务 2.1 项目需求分析	项目规划与实施 物联网平台应用 移动应用开发	4
	任务 2.2 系统方案设计		4
	任务 2.3 系统应用开发		8
	任务 2.4 系统集成部署		8
项目 3 智慧牧场项目设计与实施	任务 3.1 项目需求分析	项目规划与实施 物联网平台应用 传感网应用开发 移动应用开发 AIoT 在线工程实训	4
	任务 3.2 系统方案设计		4
	任务 3.3 系统应用开发		8
	任务 3.4 系统集成部署		8
项目 4 智慧家庭项目设计与实施	任务 4.1 项目需求分析	项目规划与实施 物联网平台应用 移动应用开发	4
	任务 4.2 系统方案设计		4
	任务 4.3 系统应用开发		8
	任务 4.4 系统集成部署		8

本书由南京信息职业技术学院的顾振飞、闽西职业技术学院的宋丽和南京信息职业技术学院的张波担任主编。福建信息职业技术学院的胡锦丽、潍坊职业学院的昌厚峰、辽宁轻工职业学院的崔鹏、厦门城市职业学院的陈锬崟、浙江交通职业技术学院的洪顺利、南京工业职业技术大学的徐红叶担任副主编。

为了方便教师教学,本书还配有电子版任务工单、教学课件、示例代码、课程标准、项目设计资料等大量教学资源,请有此需要的教师扫书中二维码阅览或下载,也可登录华信教育资源网免费注册后进行下载,如有问题请在网站留言或与电子工业出版社联系(E-mail:hxedu@phei.com.cn)。

由于编者水平有限,书中难免有错误和疏漏之处,恳请广大读者批评指正。

编 者

目 录

项目 1 智慧酒店项目设计与实施 ………1

项目背景 ………………………………1

学习目标 ………………………………2

  任务 1.1 项目需求分析 ……………2

    任务描述与要求 …………………2

    知识储备 …………………………3

      1.1.1 什么是需求分析 ………3

      1.1.2 为什么要做需求分析 …3

      1.1.3 需求分析的内容 ………3

      1.1.4 需求分析文档的编制 …3

    任务计划 …………………………5

    任务实施 …………………………5

      1.1.5 梳理系统功能列表 ……5

      1.1.6 绘制功能流程图 ………5

    任务检查与评价 …………………5

  任务 1.2 系统方案设计 ……………5

    任务描述与要求 …………………5

    知识储备 …………………………6

      1.2.1 系统整体设计 …………6

      1.2.2 系统详细设计 …………7

    任务计划 ………………………10

    任务实施 ………………………11

      1.2.3 设计整体方案 ………11

      1.2.4 设计感知层方案 ……11

      1.2.5 设计网络传输方案 …12

    任务检查与评价 ………………12

  任务 1.3 系统应用开发 ……………13

    任务描述与要求 ………………13

    知识储备 ………………………13

      1.3.1 设备选型 ……………13

      1.3.2 BasicRF 通用工程结
构分析 ……………………15

      1.3.3 按键"连击"功能的
实现方法 …………………16

    任务计划 ………………………17

      1.3.4 编制实施计划表 ……17

      1.3.5 编制硬件接口表 ……17

      1.3.6 制订通信协议 ………18

      1.3.7 绘制程序流程图 ……18

    任务实施 ………………………18

      1.3.8 建立节点的编译配
置项 ………………………18

      1.3.9 编写节点端代码 ……19

      1.3.10 编写控制端代码 …19

      1.3.11 编译下载程序 ……19

    任务检查与评价 ………………19

  任务 1.4 系统集成部署 ……………19

    任务描述与要求 ………………19

    知识储备 ………………………20

      1.4.1 物联网工程实训
工位 ………………………20

      1.4.2 设备安装规划图 ……20

      1.4.3 设备连接图 …………20

      1.4.4 系统测试 ……………24

    任务计划 ………………………25

    任务实施 ………………………25

      1.4.5 绘制设备安装规
划图 ………………………25

      1.4.6 绘制设备连接图 ……25

      1.4.7 部署网络链路系统 …25

      1.4.8 部署大堂环境监控
系统 ………………………33

      1.4.9 部署电动窗帘控制
系统 ………………………37

      1.4.10 部署客房呼叫服务
系统 ………………………40

      1.4.11 部署会议室智能感知
系统 ………………………43

    任务检查与评价 ………………46

· V ·

项目2 智慧商超项目设计与实施 ……… 47

项目背景 ……………………………… 47

学习目标 ……………………………… 48

任务 2.1 项目需求分析 ……………… 48

　　任务描述与要求 ………………… 48

　　任务计划 ………………………… 49

　　任务实施 ………………………… 49

　　　2.1.1 梳理系统功能列表 ……49

　　　2.1.2 绘制功能流程图 ………50

　　任务检查与评价 ………………… 50

任务 2.2 系统方案设计 ……………… 50

　　任务描述与要求 ………………… 50

　　任务计划 ………………………… 50

　　任务实施 ………………………… 50

　　　2.2.1 设计整体方案 …………50

　　　2.2.2 设计感知层方案 ………51

　　　2.2.3 设计网络传输方案 ……51

　　任务检查与评价 ………………… 52

任务 2.3 系统应用开发 ……………… 52

　　任务描述与要求 ………………… 52

　　知识储备 ………………………… 53

　　　2.3.1 人员检测相关设备 ……53

　　　2.3.2 温湿度检测相关

　　　　　　设备 …………………53

　　　2.3.3 自动结账相关设备 ……54

　　任务计划 ………………………… 54

　　　2.3.4 编制实施计划表 ………54

　　　2.3.5 绘制程序流程图 ………54

　　任务实施 ………………………… 55

　　　2.3.6 开发人员检测功能 ……55

　　　2.3.7 开发温湿度检测

　　　　　　功能 …………………56

　　　2.3.8 开发自动结账功能 ……57

　　任务检查与评价 ………………… 58

任务 2.4 系统集成部署 ……………… 59

　　任务描述与要求 ………………… 59

　　知识储备 ………………………… 59

　　　2.4.1 绘制设备安装规

　　　　　　划图 …………………59

　　　2.4.2 绘制设备连接图 ………59

　　任务计划 ………………………… 62

　　任务实施 ………………………… 62

　　　2.4.3 绘制设备安装规

　　　　　　划图 …………………62

　　　2.4.4 绘制设备连接图 ………62

　　　2.4.5 部署网络链路系统 ……62

　　　2.4.6 部署超市入口区域

　　　　　　系统 …………………75

　　　2.4.7 部署超市出口区域

　　　　　　系统 …………………79

　　　2.4.8 部署超市销售区域

　　　　　　系统 …………………81

　　　2.4.9 部署停车场出口区域

　　　　　　系统 …………………88

　　任务检查与评价 ………………… 91

项目3 智慧牧场项目设计与实施 ……… 92

项目背景 ……………………………… 92

学习目标 ……………………………… 93

任务 3.1 项目需求分析 ……………… 93

　　任务描述与要求 ………………… 93

　　任务计划 ………………………… 94

　　任务实施 ………………………… 94

　　　3.1.1 梳理系统功能列表 ……94

　　　3.1.2 绘制功能流程图 ………94

　　任务检查与评价 ………………… 94

任务 3.2 系统方案设计 ……………… 95

　　任务描述与要求 ………………… 95

　　任务计划 ………………………… 95

　　任务实施 ………………………… 95

　　　3.2.1 设计整体方案 …………95

　　　3.2.2 设计感知层方案 ………96

　　　3.2.3 设计网络传输方案 ……96

　　任务检查与评价 ………………… 97

任务 3.3 系统应用开发 ……………… 97

　　任务描述与要求 ………………… 97

知识储备 ··············· 98

3.3.1 认识低功耗广域
技术 ············· 98

3.3.2 认识 LoRa 通信模块
电路板 ··········· 99

3.3.3 如何生成指定范围及
小数点位数的随机浮
点数 ············· 99

3.3.4 如何通过 LoRa 通信
技术发送浮点数 ······100

任务计划 ···············100

任务实施 ···············100

3.3.5 设计感知层系统 ···100

3.3.6 设计网络传输系统 ···101

3.3.7 安装智慧牧场设备 ···102

3.3.8 开发牲畜实时定位
功能 ············102

3.3.9 开发圈养棚环境控制
功能 ············103

任务检查与评价 ···········103

任务 3.4 系统集成部署 ········104

任务描述与要求 ···········104

知识储备 ··············104

3.4.1 绘制设备安装规
划图 ············104

3.4.2 绘制设备连接图 ···104

任务计划 ··············106

任务实施 ··············106

3.4.3 绘制设备区域布
局图 ············106

3.4.4 绘制设备连接图 ···106

3.4.5 部署网络链路系统 ···106

3.4.6 部署圈养环境自动控
制系统 ···········114

3.4.7 部署仓储安防监控
系统 ············118

3.4.8 部署牲畜活动监控
系统 ············122

任务检查与评价 ···········142

项目 4 智慧家庭项目设计与实施 ········143

项目背景 ···············143

学习目标 ···············144

任务 4.1 项目需求分析 ·········145

任务描述与要求 ···········145

任务计划 ··············145

任务实施 ··············145

4.1.1 梳理系统功能列表 ···145

4.1.2 绘制功能流程图 ···146

任务检查与评价 ···········146

任务 4.2 系统方案设计 ·········146

任务描述与要求 ···········146

任务计划 ··············146

任务实施 ··············147

4.2.1 设计整体方案 ···147

4.2.2 设计感知层方案 ···147

4.2.3 设计网络传输方案 ···147

任务检查与评价 ···········148

任务 4.3 系统应用开发 ·········148

任务描述与要求 ···········148

任务计划 ··············149

4.3.1 编制实施计划表 ···149

4.3.2 绘制程序流程图 ···149

任务实施 ··············149

4.3.3 初始化 Android
项目 ············149

4.3.4 开发智慧客厅子
系统 ············161

4.3.5 开发智慧厨房子
系统 ············165

4.3.6 开发智慧卫生间子
系统 ············168

4.3.7 开发智能门禁子
系统 ············169

任务检查与评价 ···········176

任务 4.4 系统集成部署 ·········176

任务描述与要求 ···········176

· VII ·

任务计划·················177

任务实施·················177

4.4.1 绘制设备安装规
划图··············177

4.4.2 绘制设备连接图······177

4.4.3 部署网络链路系统···177

4.4.4 部署智慧客厅子
系统··············185

4.4.5 部署智慧厨房子
系统·················188

4.4.6 部署智慧卫生间子
系统·················191

4.4.7 部署智能门禁子
系统·················194

任务检查与评价·················196

项目 1

智慧酒店项目设计与实施

项目背景

扫一扫下载设计资料：项目 1 智慧酒店（ZigBee 通用工程）

扫一扫下载设计资料：项目 1 智慧酒店（ZigBee 完整工程）

智慧酒店是指拥有一套完善的智能化体系的酒店，管理者可通过数字化、网络化和智能化技术实现对酒店管理和服务的信息化，图 1-0-1 展示了智慧酒店的场景。

图 1-0-1　智慧酒店场景

为了提高管理和服务的品质、效能和客户满意度，某大型酒店需要将物联网技术与酒店管理相融合，对部分区域进行信息化升级改造。通过调研论证，得出需要建设的系统有以下几个：

（1）网络链路系统。
（2）大堂环境监控系统。

（3）电动窗帘控制系统。
（4）客房呼叫服务系统。
（5）会议室智能感知系统。
（6）智能机房温控系统。

本项目将带领读者从项目的需求分析开始，逐步完成智慧酒店项目的设计与实施。

学习目标

知识目标

（1）掌握物联网项目需求分析的定义、目的与内容。
（2）掌握总体方案设计的目的和主要内容。
（3）掌握系统详细设计的目的和主要内容。
（4）了解系统测试的内容和过程。
（5）掌握 BasicRF 软件包的架构。

技能目标

（1）能梳理并编制物联网项目的功能列表。
（2）能绘制物联网项目的功能流程图。
（3）能设计物联网项目的总体方案。
（4）能开展感知层设计工作。
（5）能开展网络传输设计工作。
（6）能绘制设备安装规划图和设备连接图。
（7）能使用 IAR for 8051 开发环境设计 CC2530 无线通信程序。

素质目标

（1）培养学生谦虚、好学、勤于思考、认真做事的良好习惯——具有严谨的开发流程和正确的编程思路。
（2）培养学生团队协作能力——能够相互沟通、互相帮助、共同学习、共同达到目标。
（3）提升学生自我展示能力——能够讲述、说明、表述和回答问题。
（4）培养学生可持续发展能力——能够利用书籍或网络上的资料帮助解决实际问题。

任务 1.1 项目需求分析

任务描述与要求

任务描述

酒店提出利用物联网技术进行信息化升级改造的需求，要建设的区域包括酒店大堂、客房、会议室和酒店机房。

酒店大堂需要加装环境控制系统，光照过低时自动打开照明灯，光照变亮后自动关闭；温度或湿度过高时自动开启空调，反之自动关闭。

客房需要加装电动窗帘系统，客人可使用按钮对窗帘进行开闭操作。

项目 1　智慧酒店项目设计与实施

另外客房需要加装呼叫服务系统，客人使用呼叫按钮通知大堂前台，有呼叫需求时前台的指示灯"红亮绿灭"，响应需求后指示灯"红灭绿亮"。

会议室需要加装智能感知系统，当有人进入时会议室自动开灯，无人后自动关灯；会议室有烟雾等有害气体时排气扇自动打开。

任务要求

（1）完成智慧酒店项目的需求分析；
（2）梳理功能列表、绘制功能流程图。

知识储备

1.1.1　什么是需求分析

"需求分析"是指对要解决的问题进行详细地分析，搞清楚问题的要求，并归纳整理成分析文档的过程。

物联网项目的需求分析是获取物联网项目的要求并对其进行归纳整理的过程，该过程是物联网开发的基础，也是开发过程中的关键阶段。

1.1.2　为什么要做需求分析

如前所述，"需求分析"是物联网项目开发的一个关键流程，在这个过程中，分析人员需要与用户进行大量的交流和沟通，也需要通过对用户业务流程的了解来细化需求。

只有在确定了用户需求后，才能分析和确定项目开发的解决方案。这就是要做需求分析的原因。

1.1.3　需求分析的内容

需求分析的内容因物联网项目的不同而不同，但一般都包括以下内容：

（1）了解功能需求：对设备或系统所需的功能进行详细地定义和描述。
（2）了解性能需求：定义和描述设备或系统的性能指标，如响应时间、吞吐量等。
（3）了解可靠性需求：定义和描述设备或系统的可靠性要求，如故障率、平均修复时间等。
（4）了解安全需求：定义和描述设备或系统的安全要求，包括访问控制、数据保护、身份验证等。
（5）了解可扩展性需求：定义和描述设备或系统的可扩展性，如支持的设备数量、可升级性等。
（6）了解可维护性需求：定义和描述设备或系统的可维护性要求，如易维护、易管理等。

1.1.4　需求分析文档的编制

需求分析文档可向管理员提供决策用的信息，向设计人员提供设计依据，因此需求分析文档应信息充分且尽量简明。以归纳整理后的需求信息为基础，开始撰写需求分析文档。

物联网项目的多样性使得创建单一标准变得困难，创建其需求分析文档也是如此。为各物联网项目提供解决方案的公司所提供的需求分析文档也没有统一的模板。但有一些最基本的内容必须在需求分析文档中列明，包括：背景分析、项目概述、系统组成、网络拓扑图、系统功能分析、功能流程图等。在上述几个内容中，系统功能分析与功能流程图的绘制是比较核心的部分。下面分别对它们进行介绍。

1. 梳理编制功能列表

物联网项目功能列表的作用是列出系统需要实现的功能，方便开发团队了解客户的需求、系统的目标和范围。它可以作为沟通工具，帮助客户和开发团队共同理解系统的功能和设计，防止在开发过程中产生歧义和误解。此外，功能列表还可以用于制定测试计划，以确保系统在交付之前满足客户需求和规格说明。下面给出一个智慧农业物联网项目的功能列表样例，见表1-1-1。

表1-1-1 智慧农业物联网项目的功能列表

功能类别	功能项	功能简述
实时监测	土壤湿度监测	监测土壤湿度的变化
	温度和湿度监测	监测环境温度和湿度变化
	光照强度监测	监测光照强度变化
	二氧化碳浓度监测	监测大气环境中二氧化碳浓度的变化
环境控制	智能喷灌控制	根据土壤湿度和气象条件来控制喷灌系统水量
	光照强度控制	根据植物需求，调整光照强度
	温度和湿度控制	根据植物需求，调整温度和湿度
数据分析	土壤质量分析	分析土壤质量，为植物生长提供参考
	气象数据分析	分析气象数据，为决策制定提供参考
	植物状态监测	使用植物状态检测算法，分析植物生长状态
系统管理	用户管理	管理智慧农业系统的用户登录及权限
	设备管理	管理智慧农业系统安装的设备，包括设备维护和升级等
	报警和日志管理	管理系统中的报警和日志信息

2. 绘制功能流程图

功能流程图可以帮助用户清晰地了解系统的操作流程和功能模块的关系，从而使用户更好地理解系统的功能和使用方法。它可以让用户更加直观地了解系统的运作流程，并在系统设计和开发过程中对用户起到指导作用，同时也可以作为沟通工具，帮助开发人员与用户进行有效的合作和沟通。除此之外，功能流程图还可以用于评估和优化系统性能，通过对流程的分析和优化，从而提高系统的效率和稳定性。图1-1-1给出了一个功能流程图的样例。

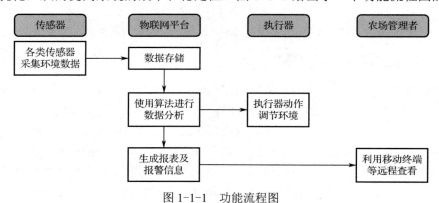

图1-1-1 功能流程图

项目 1 智慧酒店项目设计与实施

任务计划

请根据任务要求编制本任务的实施计划表并完善任务工单 1.1，任务实施计划表模板见表 1-1-2。

表 1-1-2 任务实施计划表

序号	任务内容	负责人

任务实施

1.1.5 梳理系统功能列表

根据客户需求，梳理系统的功能，填写系统功能列表（见表 1-1-3），并完善任务工单 1.1。（任务工单请读者自行下载电子版）

表 1-1-3 系统功能列表

功能类别	功能项	功能简述

1.1.6 绘制功能流程图

根据客户需求，绘制系统的功能流程图并完善任务工单 1.1。

任务检查与评价

任务实施完成后，开展任务检查与评价，相关表格位于任务工单 1.1 中。请参照评分标准完成任务自查、组内互评，并将分数登记到网络学习平台中。

任务 1.2 系统方案设计

扫一扫看教学课件：任务 1.2 系统方案设计

扫一扫看任务 1.2 任务工单

任务描述与要求

任务描述

通过需求分析阶段的工作，我们已明确智慧酒店项目的具体需求。本任务要求根据需求

5

物联网项目设计与实施

文档的内容，对项目进行详细的规划，从而完成系统方案的设计。

任务要求

（1）完成子系统划分。

（2）完成系统网络拓扑设计。

（3）编制感知层设备清单、完成感知层设备选型。

（4）完成网络传输设计。

知识储备

1.2.1 系统整体设计

系统整体设计阶段需要完成子系统划分以及系统网络拓扑设计等工作。

1. 子系统划分

子系统划分主要是根据物联网系统的需求，根据物联网功能特点，将整个物联网系统划分为多个独立的子系统，每个子系统拥有特定的功能。上述子系统之间可以互相协作，也可以单独实现与进行功能测试。下面给出了一个智能家居系统的子系统划分表样例，见表 1-2-1。

表 1-2-1　智能家居系统的子系统划分表

序号	子系统名称	功能简述
1	安防监控系统	监控家庭内部和外部的安全状态，包括摄像头、门窗开关检测、烟雾报警、漏水检测等，并提供远程实时监控和报警功能
2	照明控制系统	对家庭照明进行控制，实现远程开关灯、灯光亮度调节、自动化控制等功能
3	空调控制系统	控制家庭空调的开关状态，包括温度、风速和工作模式等参数，也可以通过手动和自动方式实现对空调的控制
4	窗帘控制系统	控制家庭窗帘的开关状态，支持手动和自动控制方式，实现对窗帘开合状态的自动化控制
5	智能家电控制系统	控制家庭中的智能家电，如电视、冰箱、洗衣机、智能厨房等设备的开关状态和运行参数
6	多媒体控制系统	控制家庭多媒体设备的开关状态和音频/视频输入输出，实现智能音乐播放、智能电影院等功能
7	能源管理系统	监测家庭能源的消耗情况，包括对电能、水能、燃气等能源的实时监测和统计，实现家庭能源的管理和控制

2. 系统网络拓扑设计

物联网系统的网络拓扑是指构成网络的互联设备和通信信道的布局和结构。网络拓扑设计的目的是在连接到物联网系统的所有设备之间创建一个可靠、安全和高效的通信网络。拓扑可以是星形网络、网状网络、总线网络，也可以是基于特定物联网系统要求的组合。网络拓扑设计考虑了设备的数量、距离、使用的通信协议和物联网系统中的预期数据流量。精心设计的网络拓扑可以确保物联网系统的正常运行，并促进有效的数据传输和分析。

某个酒店的网络拓扑图样例如图 1-2-1 所示。

项目 1　智慧酒店项目设计与实施

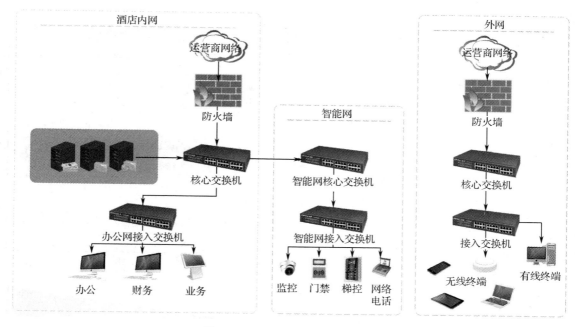

图 1-2-1　某酒店的网络拓扑图

1.2.2　系统详细设计

系统详细设计是指在总体方案设计的基础上，结合项目的部署环境、客户需求等内容，从技术层面对各个子系统进行更加详细地设计。本阶段的工作内容一般包括现场勘察、感知层设计、网络传输设计等。

1. 现场勘查

现场勘查就是对项目现场进行实地调研，通过拍摄照片、视频等方式记录现场环境，为方案中子系统详细设计提供原始素材，以确保设计方案更加适应现场环境。

2. 感知层设计

感知层设计是在需求分析和总体方案设计的基础上，根据系统前端数据采集的需求，针对各种传感器、摄像头等设备所做的详细设计，一般包括编制设备清单、感知层设备选型。

感知层设计主要包括以下几点：

（1）确定传感器等设备安装的位置，即结合项目的实际场景为传感器等设备选择合适的位置。

（2）确定设备数量，即确定设备安装位置，统计出传感器设备数量，整合网络层与应用层其他设备后形成设备清单。

（3）确定设备性能指标，即根据客户需求和场景需要，选择合适性能参数的传感器设备。

1）编制感知层设备清单

通过实施感知层设计，可以得到感知层设备清单，它将会为后续的选型工作与系统设计工作提供支撑。某智慧农业系统感知层的设备清单样例见表 1-2-2。

表 1-2-2 某智慧农业系统感知层设备清单

子系统名称	设备名称	设备数量	安装位置
种植自动化监控	土壤水分传感器	20	安装在农场的不同位置以监测土壤水分情况
	作物生长传感器	30	安装在作物生长位置或靠近作物位置以监测生长情况并检测任何异常情况
大气环境监测	温湿度传感器	10	安装在温室或作物储存区域内以监测环境温度和湿度水平
	气象站	1	安装在中央位置以监测室外天气情况
智能灌溉	水流传感器	5	安装在灌溉系统上以监测水的使用量和流速
	农药和肥料应用传感器	5	附着在农药和肥料应用设备上以监测使用率并确保均匀分布
牲畜健康及活动监测	牲畜健康监测器	20	附着在牲畜上以监测生命体征并检测任何健康问题
	牲畜追踪设备	50	安装在个别动物上以跟踪它们的位置和活动

2）感知层设备选型

设备选型是指根据生产工艺要求和市场供应情况，遵循技术先进、价格合理、生产适用的原则，开展市场调查与分析比较，从而确定设备的最优方案的过程。

传感器选型时需要考虑以下几大因素：

（1）测量对象和要求。即明确要测量的物理量，它决定了传感器设备的类型。

（2）与传感器有关的技术指标。即灵敏度、频率响应、线性范围、稳定性以及精度等。

（3）与使用环境有关的因素。即安装现场的条件，传感器工作的环境条件，如温度、湿度、震动等；调研传感器的测量时间的长短；调研传感器与其他设备的安装距离与信号传输距离；确定现场是否可提供外接电源等。

（4）与购买和维修有关的因素。即调研性价比、零配件储备情况、售后服务与保修制度、交货时间等。

某智慧农业系统的感知层设备选型表见表 1-2-3。

表 1-2-3 某智慧农业系统感知层设备选型表

序号	设备名称	设备图样	主要设备参数
1	土壤湿度传感器		供电方式：9～24 V DC 工作环境：-40 ℃～80 ℃；0～85%RH 安装方式：全部埋入或探针插入土壤 防护等级：IP68 水分范围：0～100%RH 水分分辨率：±3%（0～53%范围） 　　　　　　±5%（53%～100%范围） 输出信号：RS-485（Modbus 协议）
2	温湿度传感器		供电方式：9～24 V DC 工作环境：-40 ℃～80 ℃；0～85%RH 温度范围：-40 ℃～80 ℃ 湿度范围：0～100%RH 温度分辨率：0.1 ℃ 湿度分辨率：0.1%RH 输出信号：RS-485（Modbus 协议）

项目 1　智慧酒店项目设计与实施

续表

序号	设备名称	设备图样	主要设备参数
3	光照度传感器		供电方式：9~24 V DC 工作环境：-40 ℃~80 ℃；0~85%RH 测量范围：0~65 535 Lux 测量分辨率：±5% 响应时间：≤1 s 输出信号：RS-485（Modbus 协议）

3. 网络传输设计

网络传输设计是指为了保障信息传输的可靠性，根据实际应用场景选取合适的传输技术、制定设备清单和对网络层设备选型等。

网络传输设计的目标有以下几点：

（1）通过选择相应的传输技术或者传输方案以保证信息传输的可靠性。

（2）确保后期维护方便。

（3）满足客户的特殊要求。

网络传输设计的主要内容包括以下几点：

（1）选取传输技术，包括有线传输技术和无线传输技术。主要是根据应用场景（考虑传输距离、功耗、通信速率等因素）和不同传输技术的特点，选择合适的传输技术。

（2）确定网络层设备的数量及其安装位置。

（3）实施网络层设备选型工作。

1）选取传输技术

某智慧农业系统的传输技术选型表见表 1-2-4。

表 1-2-4　某智慧农业系统传输技术选型表

子系统名称	传输技术	选型理由
种植自动化监控	RS-485 4G Cat.1	RS-485 有线传输用于连接土壤水分等传感器。 4G Cat.1 功耗低，部署方便
大气环境监测	RS-485 4G Cat.1	RS-485 有线传输用于连接土壤水分等传感器。 4G Cat.1 用于与物联网平台通信，功耗低，部署方便
智能灌溉	LoRa 4G Cat.1	农业种植灌溉范围大，LoRa 通信技术距离远、功耗低，其采用自组网方式，后续无需通信费用。 4G Cat.1 用于与物联网平台通信，功耗低，部署方便
牲畜健康及活动监测	LoRa 4G Cat.1	牲畜活动范围大，LoRa 通信技术距离远、功耗低，其采用自组网方式，后续不需要通信费用。 4G Cat.1 用于与物联网平台通信，功耗低，部署方便

2）编制网络层设备清单

某智慧农业系统的网络层设备清单见表 1-2-5。

表 1-2-5　某智慧农业系统网络层设备清单

设备名称	设备数量	安装位置
智能边缘网关（LoRa）	3	种植区高处

物联网项目设计与实施

续表

设备名称	设备数量	安装位置
LoRa 通信节点	30	灌溉水泵处
4G 传输终端（RS-485）	5	苗床边上
交换机	2	管理中心

3）网络层设备选型

某智慧农业系统的网络层设备选型表见表 1-2-6。

表 1-2-6 某智慧农业系统网络层设备选型表

序号	设备名称	设备图样	主要设备参数
1	智能边缘网关（LoRa）		供电方式：9～36 V DC 有线网口数量：1 Wi-Fi：2.4G 支持 802.11b/g/n 蜂窝通信：支持移动/联通/电信 4G LoRa 通道数：4 LoRa 工作频段：398～525 MHz LoRa 发射功率：10 dBm～20 dBm 状态指示灯：电源、Wi-Fi、4G、数据转发 工作环境：-40 ℃～80 ℃
2	LoRa 通信节点		供电方式：9～36 V DC RS-485 数量：1 LoRa 工作频段：398～525 MHz LoRa 发射功率：10 dBm～20 dBm 传输距离：>5 000 m（测试条件：晴朗，空旷，最大功率，天线增益 3 dBi，高度大于 2 m，0.268 Kbps 空中速率） 工作环境：-40 ℃～80 ℃
3	4G 传输终端（RS-485）		供电方式：9～36 V DC RS-485 数量：1 RS-232 数量：1 蜂窝通信：支持移动/联通/电信 4G 工作环境：-40 ℃～80 ℃
4	交换机		供电方式：220 V AC 传输速度：1 000 Mbps 端口数量：24 个 是否支持 VLAN：支持

任务计划

请根据任务要求编制本任务的实施计划表并完善任务工单 1.2，任务实施计划表见表 1-2-7。

表 1-2-7 任务实施计划表

序号	任务内容	负责人

任务实施

1.2.3 设计整体方案

1. 子系统划分

划分子系统，填充子系统划分表 1-2-8 并完善任务工单 1.2。

表 1-2-8 子系统划分表

序号	子系统名称	功能简述

2. 系统网络拓扑设计

根据客户需求，绘制系统的网络拓扑图并完善任务工单 1.2。

1.2.4 设计感知层方案

1. 编制感知层设备清单

根据系统前端数据采集的需求，编制感知层设备清单（见表 1-2-9）并完善任务工单 1.2。

表 1-2-9 感知层设备清单

子系统名称	设备名称	设备数量	安装位置

2. 感知层设备选型

综合考虑技术先进、价格合理、生产适用的原则，编制感知层设备选型表（见表 1-2-10）并完善任务工单 1.2。

物联网项目设计与实施

表 1-2-10　感知层设备选型表

序号	设备名称	设备图样	主要设备参数

1.2.5　设计网络传输方案

1. 选取传输技术

根据应用场景，为了保障信息传输的可靠性，请为系统选取合适的传输技术，编制系统传输技术选型（见表 1-2-11），并完善任务工单 1.2。

表 1-2-11　系统传输技术选型表

应用子系统	传输技术	选型理由

2. 编制网络层设备清单

根据网络传输的需求，编制网络层设备清单（见表 1-2-12）并完善任务工单 1.2。

表 1-2-12　网络层设备清单

设备名称	设备数量	安装位置

3. 网络层设备选型

综合考虑技术先进、价格合理、生产适用的原则，编制网络层设备选型表（见表 1-2-13）并完善任务工单 1.2。

表 1-2-13　网络层设备选型表

序号	设备名称	设备图样	主要设备参数

任务检查与评价

任务实施完成后，开展任务检查与评价，相关表格位于任务工单 1.2 中。请参照评分标

项目 1　智慧酒店项目设计与实施

准完成任务自查、组内互评,并将分数登记到网络学习平台中。

任务 1.3　系统应用开发

扫一扫看教学课件:任务 1.3 系统应用开发

扫一扫看任务 1.3 任务工单

任务描述与要求

任务描述

本任务要求完成智慧酒店项目的应用开发,改造酒店的机房温控系统,使其具备自动调节功能。

机房温控系统改造任务要求

(1) 完成酒店机房温控系统的感知层应用开发,系统由节点端和主控端构成。

(2) 节点端连接温湿度传感器,每隔 2 秒采集一次机房的温湿度数据,通过 ZigBee 无线通信方式发给主控端,主控端收到温湿度数据后,通过串口发送到上位机,示例格式:"Temp: 26℃,Humi: 65%RH"。

(3) 主控端通过单联继电器连接排风扇,通过双击"Key1"可切换控制模式,系统处于"自动模式"时,LED1 亮;系统处于"手动模式"时,LED2 亮。

(4) 当系统处于"手动模式"时,用户单击主控端上的"Key1"键可以手动控制排风扇开启,单击"Key2"键手动控制排风扇关闭。

(5) 当系统处于"自动模式"时,若环境温度超过 33 ℃或者湿度超过 50%,可自动开启排风扇对机房环境参数进行调节,否则排风扇关闭。

(6) 通信协议自行定义。

知识储备

1.3.1　设备选型

根据任务要求,对系统的设备选型分析如下。

1. 开发平台选型

本任务中主控端与节点端之间采用无线通信的方式进行数据交互,由于机房内部的通信距离不远,因此可选用 ZigBee 无线通信技术为数据交互提供支撑。白色 ZigBee 模块的实物图如图 1-3-1 所示,可使用该模块作为节点端。

对图 1-3-1 中 ZigBee 模块的板载硬件资源介绍如下:

(1) CC2530 SoC:主控 MCU,见图中标号①处。

(2) 天线接口:用于连接小辣椒天线,见图中标号②处。

(3) 调试器接口:用于连接 CC Debugger 等调试器,见图中标号③处。

(4) 用户 LED:用于现象指示,见图中标号④处。

(5) ADC 接口:用于连接外部输入模拟量信号,见图中标号⑤处。

(6) 用户按键:用于有按键需求的应用,见图中标号⑥处。

(7) 拨码开关:向左拨时,CC2530 的 USART0 与底板相连,向右拨则 USART0 与 J11 接口相连,见图中标号⑦处。

13

物联网项目设计与实施

（8）输入输出接口：用于连接外部数字量 I/O 信号，见图中标号⑧处。

（9）传感器接口：用于连接各种传感器模块，见图中标号⑨处。

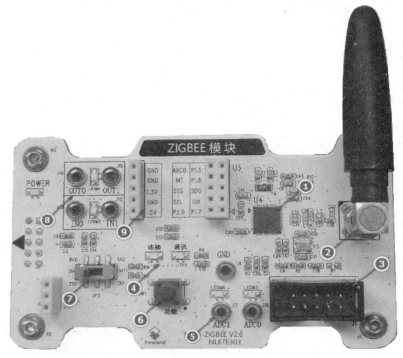

图 1-3-1　白色 ZigBee 模块实物图

黑色 ZigBee 模块的实物图如图 1-3-2 所示，可选取该模块作为主控端。

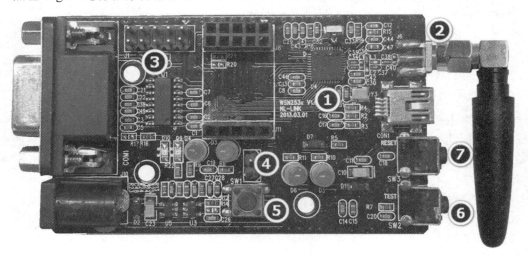

图 1-3-2　黑色 ZigBee 模块实物图

对图 1-3-2 中 ZigBee 模块上的主要硬件资源介绍如下：

（1）CC2530 SoC：主控 MCU，见图中标号①处。

（2）天线接口：用于连接小辣椒天线，见图中标号②处。

（3）调试器接口：用于连接 CC Debugger 等调试器，见图中标号③处。

14

（4）用户 LED：共 4 个 LED，用于现象指示，见图中标号④处。

（5）用户按键 1：用于有按键需求的应用，见图中标号⑤处。

（6）用户按键 2：用于有按键需求的应用，见图中标号⑥处。

（7）Reset 按键：重启按键，见图中标号⑦处。

2. 传感器选型

本任务需要采集机房环境的温湿度数据，因此需要选择一款温湿度传感器。根据系统对精度的要求，可选择 Sensirion 公司出品的型号为 SHT11 的温湿度传感器，如图 1-3-3 所示。

SHT11 温湿度传感器的主要特性如下：

（1）集成了温湿度传感器、信号放大条理、AD 转换和 I2C 总线，体积小。

（2）温度值输出分辨率为 12 位，湿度值输出分辨率为 14 位，并可根据需要分别编程为 8 位和 12 位。

（3）温度测量精度为 ±0.4 ℃，湿度测量精度为 ±3.0%。

图 1-3-3　SHT11 温湿度传感器

（4）具有可靠的 CRC 数据传输校验功能。

（5）电源电压范围为 2.4～5.5 V，一般接 3.3 V。

（6）电流消耗低：测量时电流为 550 μA，平均值为 28 μA，休眠时为 3 μA。

（7）具有卓越长效的稳定性。

3. 执行器选型

本任务需要控制排风扇的开闭，由于排风扇所需的供电电压较高（12 V），因此使用微控制器对其进行控制时，需要外接继电器。可选择如图 1-3-4 所示的单联继电器与排风扇做为执行器。

图 1-3-4　单联继电器与排风扇

1.3.2 BasicRF 通用工程结构分析

本任务的功能开发将基于一个通用工程来开展，该通用工程由 TI 官方提供的 BasicRF 原版软件包扩充而来，主要包括以下几个模块内容：

（1）BasicRF 通信 API 函数。

（2）板级初始化和宏定义。

（3）通用外设驱动程序。

（4）传感器驱动。

（5）IAR 工程文件。

通用工程的一级目录包含两个文件夹，分别是"Project"与"CC2530_lib"。通用工程中 Project 文件夹的内容如图 1-3-5 所示，ZigBee 通用工程中 CC2530_lib 文件夹的内容如图 1-3-6 所示。

图 1-3-5　ZigBee 通用工程中 Project 文件夹的内容

打开 IAR 工程后，可在工程架构中找到上述各文件夹对应关系，如图 1-3-7 所示。

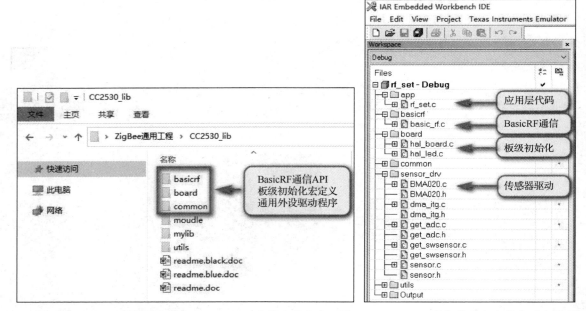

图 1-3-6　ZigBee 通用工程中 CC2530_lib 文件夹的内容　　图 1-3-7　IAR 工程架构及各文件夹对应关系

1.3.3　按键"连击"功能的实现方法

本任务依托的开发平台——ZigBee 模块上只有一个按键，如果要实现"一键多用"的效果，则需通过编程实现"双击"甚至"多连击"的功能。

1. 基本思路

先设定两次按下按键的有效间隔时间 T，即：在时间 T 内再次按下按键，则判定为"连

项目1 智慧酒店项目设计与实施

击","连击次数"加 1,否则判定本次按键动作完成,同时记录当前的"连击"次数并执行相应的程序。

2. 编程实现路径

编程实现上述思路需要以下资源。

一是定时器,用于对两次按下按键的有效间隔时间 T 进行计时,一般通过定时器溢出中断实现该功能。每当有按键按下,则计时清零,重新开始。

二是按键扫描程序,用于检测是否有按键按下。如果按键两次按下的间隔时间小于 T,则将其记录为有效"连击","连击次数"加 1 并将有效间隔时间 T 的计时清零。

3. 程序实现流程

设定两次按下按键的有效间隔时间 T 为 0.5 s,配置 CC2530 的 Timer1 的溢出时间为 1 ms,间隔时间每增加 100 ms,计数值"t_cnt"加 1,即当"t_cnt"值大于等于 5 时,则表明按键"连击"无效。每当有按键按下时,"t_cnt"清零,按键按下次数"key_nbr"加 1。

任务计划

1.3.4 编制实施计划表

请根据任务要求编制本任务的实施计划表并完善任务工单1.3,任务实施计划表见表1-3-1。

表1-3-1 任务实施计划表

序号	任务内容	负责人

1.3.5 编制硬件接口表

节点端硬件接口表见表1-3-2。

表1-3-2 节点端硬件接口表

硬件引脚	CC2530 引脚	硬件引脚	CC2530 引脚
温湿度 I2C_SCL	P0.5	温湿度 I2C_SDI	P0.4

主控端硬件接口表见表1-3-3。

表1-3-3 主控端硬件接口表

硬件引脚	CC2530 引脚	硬件引脚	CC2530 引脚
SW1	P1.2	串口 RX	P0.2
SW2	P1.6	串口 TX	P0.3
排风扇继电器	P2.0		

17

1.3.6 制订通信协议

根据本任务的要求，主控端需要通过按键控制节点端排风扇的开闭，此处节点端采集环境温湿度数据并无线发送至主控端。因此，自定义通信协议见表 1-3-4。

表 1-3-4 自定义通信协议

内容	包头	长度	主指令	副指令 1	副指令 2	校验位	包尾
英文缩写	HEAD	LEN	mCMD	sCMD1	sCMD2	CHKSUM	TAIL
示例	0×55	0×07	0×02	0×01	0×00	0×09	0×DD

对表 1-3-4 中自定义通信协议的各个字段说明如下：
（1）包头：固定值为 0×55。
（2）长度：指示本帧数据的长度，本例中为 0×07，单位为字节。
（3）主指令：指示本帧数据的类型，0×01 为温湿度数据，0×02 为排风扇控制指令。
（4）副指令 1：结合主指令使用。当主指令为 0×01 时，本字段为温度数据；当主指令为 0×02 时，本字段若为 0×01 则代表开启排风扇，若为 0×02 则代表关闭排风扇。
（5）副指令 2：结合主指令使用。当主指令为 0×01 时，本字段为环境湿度数据。
（6）校验位：和校验位，计算"长度+主指令+副指令 1+副指令 2"的和，然后抛弃进位保留第 8 位数据。
（7）包尾：固定值为 0×DD。

1.3.7 绘制程序流程图

请绘制酒店机房温控系统的程序流程图并完善任务工单 1.3。

任务实施

1.3.8 建立节点的编译配置项

本任务涉及两个节点，它们的应用层程序逻辑与节点地址不同，但是都调用了 BasicRF 软件包的 HAL 层和 Basic RF 层的程序，即两个节点大多数程序是共用的。

由于只能有一个 main 函数参与工程的编译，为了实现两个节点的应用层程序在一个工程中共存，在编译其中一个节点的代码时，需要将另一个节点的代码排除编译的范围。要实现前述效果，可为每个节点建立其专用的编译配置项。

1. 新建源代码文件

为两个节点分别建立源代码文件，其中文件"rf_set_sensor.c"对应节点端，文件"rf_set_control.c"对应控制端，新建源代码文件如图 1-3-8 所示。

2. 添加编译配置项

新建编译配置项如图 1-3-9 所示，单击"Project"菜单，选择"Edit Configuration"选项，然后根据向导添加两个编译配置项"sensor"与"control"。

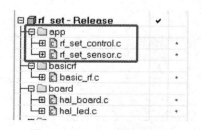

图 1-3-8 新建源代码文件

项目 1　智慧酒店项目设计与实施

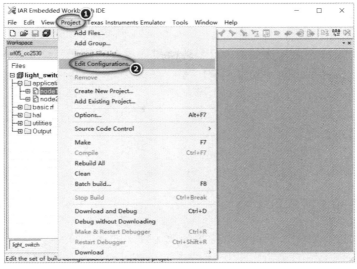

图 1-3-9　新建编译配置项

1.3.9　编写节点端代码

在"rf_set_sensor.c"中编写节点端相应代码。

扫一扫看参考代码：节点端

1.3.10　编写控制端代码

在"rf_set_control.c"中编写控制端相应代码。

扫一扫看参考代码：控制端

1.3.11　编译下载程序

我们已建立了节点端和控制端的编译配置项，在编译与下载节点程序前，需要正确选择相应的编译配置项。

程序编写完毕后，可参考以下步骤编译下载程序：

（1）分别选择"sensor"与"control"编译配置项。
（2）单击标号"make"按钮或者使用快捷键"F7"编译程序。
（3）如果程序编译结果没有错误，即可单击"Download and Debug"按钮下载程序。
（4）程序下载完成后需要断开下载器与 ZigBee 模块的连接头，并重启 ZigBee 模块。

任务检查与评价

任务实施完成后，开展任务检查与评价，相关表格位于任务工单 1.3 中。请参照评分标准完成任务自查、组内互评，并将分数登记到网络学习平台中。

任务 1.4　系统集成部署

扫一扫看教学课件：任务 1.4 系统集成部署

任务描述与要求

扫一扫看任务 1.4 任务工单

任务描述

智慧酒店项目经过需求分析与方案设计流程后，可进入项目实施阶段。本任务要求根据

19

物联网项目设计与实施

系统方案进行项目的实施。

任务要求

(1)完成项目的设备安装规划图、设备连接图等图表的绘制。

(2)完成网络链路系统的安装与调试。

(3)完成各系统感知层设备的安装与调试。

(4)完成各系统云平台应用的部署。

(5)完成智慧酒店项目的系统测试。

知识储备

1.4.1 物联网工程实训工位

物联网工程实训工位配备三面设备安装区域,分别为:A面、B面和C面。

物联网工程实训工位的实物如图1-4-1所示。

安装区域配备一组网孔板,可在其上安装多种设备,如网关、串口服务器、传感器、继电器、ZigBee通信节点、LoRa通信节点等。

工位配备有强弱电供电系统,背面配备3组强电5孔供电插座,配备5组直流弱电(常用5 V、12 V、24 V)供电接口,满足工位上各类物联网设备的供电需要。

工位面板支持安装走线槽,符合工程实际。

工位配备安全配电箱,包含空气开关及漏电保护系统,从而确保系统使用安全可靠。

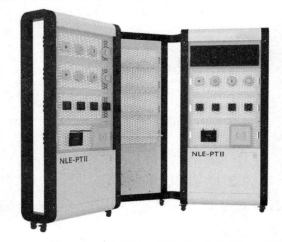

图1-4-1 物联网工程实训工位实物

1.4.2 设备安装规划图

在开展设备安装工作前,应根据客户需求和实际部署环境来规划各设备具体的安装位置。某智慧物联网项目的设备安装规划图如图1-4-2所示。

1.4.3 设备连接图

设备连接图使各设备在物联网系统中连接方式可视化,因此在进行物联网项目设备安装前需要绘制设备连接图,它有助于确保设备连接正确,可以使系统有效地进行通信。

设备连接图还可以使物联网系统出现问题时更方便进行故障排除,技术人员可以通过设备连接图迅速查明和解决设备之间的连接问题。

此外,设备连接图还可以帮助确保物联网系统在安装过程中遵守安全协议。在安装前识别潜在的电气危险,就可以采取适当的安全措施来预防事故的发生。

某智慧物联网项目的设备连接图如图1-4-3所示。

项目 1 智慧酒店项目设计与实施

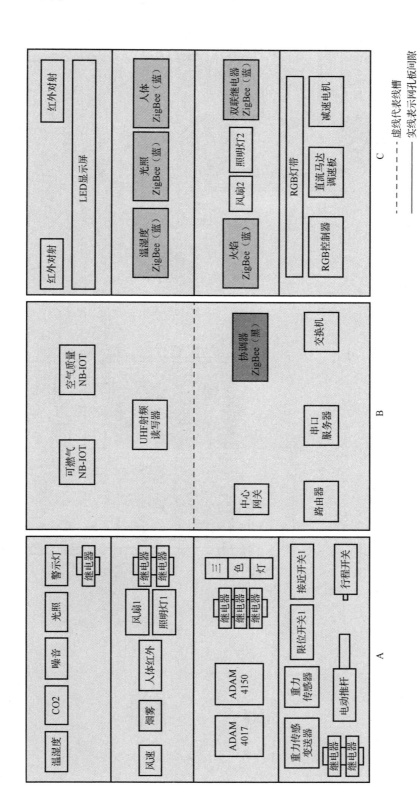

图 1-4-2 某智慧物联网项目的设备安装规划图

物联网项目设计与实施

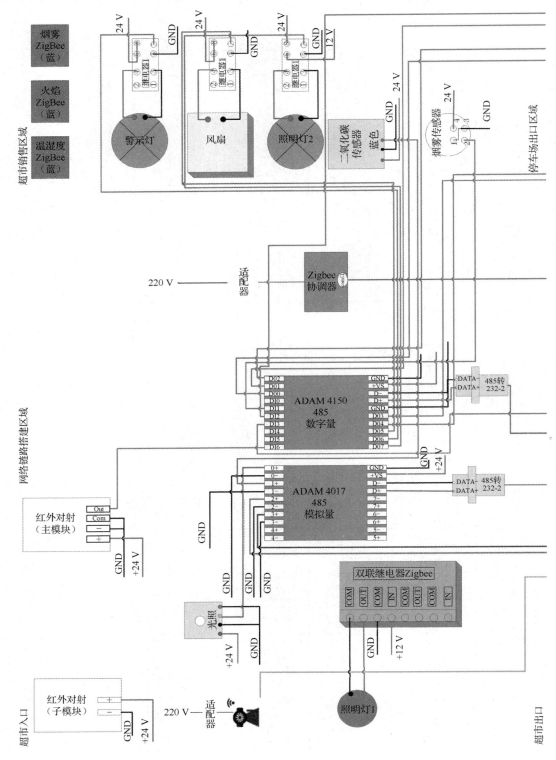

图1-4-3 某智慧物联

项目1 智慧酒店项目设计与实施

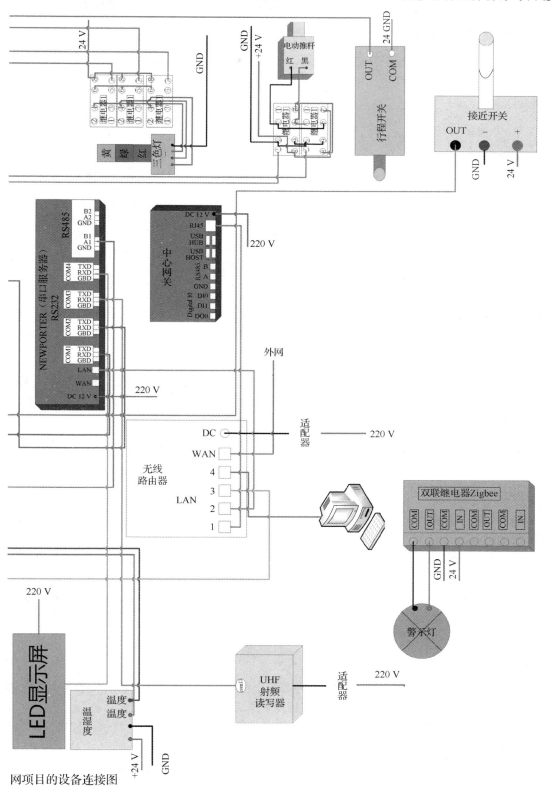

网项目的设备连接图

1.4.4 系统测试

系统测试是将已经部署完成的硬件设备、网络环境、软件系统等集成在一起，继而对信息系统实施各项指标验证的工作。系统测试目的是验证系统是否满足需求分析的功能规格，找到与功能规格不符之处并通过调试找到错误的原因与位置，对其进行修复。

1. 系统测试的内容

系统测试的内容包括功能测试与健壮性测试。

功能测试主要测试系统的功能是否正确，其依据是需求分析文档，如系统功能规格说明书。

健壮性测试主要测试系统的稳定性、容错能力以及恢复能力。

2. 系统测试的过程

按照测试的阶段划分，系统测试过程包括以下四个阶段。

1) 单元测试

本阶段是测试的开始阶段，其测试的对象是每个单元模块，目的是确保每个模块或组件都可独立正常工作。单元测试一般采用白盒测试方法，主要由开发团队完成。

2) 集成测试

集成测试是在单元测试的基础上，将已进行过单元测试的模块组装成完整的系统进行测试，目的是检验模块之间的接口能否正常工作。集成测试一般采用黑盒测试方法，主要由专门的测试团队完成。

3) 整机测试

整机测试是将已经集成好的物联网系统与其他软件系统、外设、数据和人员等元素结合在一起，在实际的工作环境下，对系统进行日常运行测试。

4) 验收测试

验收测试用于向客户表明系统可按预定要求运行。

对于单元测试和集成测试阶段而言，系统验收测试的步骤一般包括以下四项，如图 1-4-4 所示。

图 1-4-4 系统验收测试的步骤

（1）制订系统验收测试计划。系统验收测试团队成员协商测试计划，包括：测试内容、测试方法、测试环境与辅助工具、测试完成准则以及人员任务表。

（2）设计系统验收测试用例。系统验收测试团队成员根据"系统测试计划"，基于相关文档模板，设计"系统测试用例"，邀请专家对该文档进行技术评审。

（3）执行系统验收测试。系统验收测试团队各成员根据"系统测试计划"和"系统测试用例"文档执行系统验收测试。

（4）问题管理与改进。系统验收测试团队将测试结果形成报告，提交至开发团队。开发

项目1 智慧酒店项目设计与实施

团队应及时消除已经发现的问题,然后将报告重新提交给测试团队测试。从执行系统验收测试到问题管理与改进是一个迭代的过程,目的是尽可能多地消除系统存在的问题。

任务计划

请根据任务要求编制本任务的实施计划表并完善任务工单1.4,任务实施计划表见表1-4-1。

表1-4-1 任务实施计划表

序号	任务内容	负责人

任务实施

1.4.5 绘制设备安装规划图

智慧酒店项目设备安装规划图如图1-4-5所示。

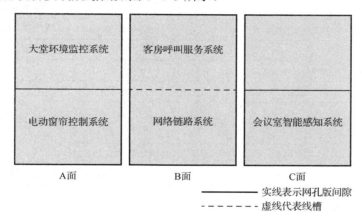

图1-4-5 智慧酒店项目设备安装规划图

现要求结合任务2形成的"感知层设备清单"与"网络层设备清单",规划各设备的具体安装位置,并在任务工单1.4中绘制"设备安装规划图"。

1.4.6 绘制设备连接图

根据"设备安装规划图",利用Visio软件,在任务工单1.4中绘制"设备连接图"。

1.4.7 部署网络链路系统

1. 功能描述与具体要求

在安装部署各信息系统前需要先部署网络链路系统于机房中。机房是智慧酒店的控制中心,它为各个信息系统提供网络链路支撑。

网络链路系统部署的具体需求如下：

（1）根据"设备安装规划图"，在网络链路系统区域安装相关的网络设备：交换机、RS-485设备（数字量）、路由器、中心网关、串口服务器、物联网中心网关。

（2）配置无线路由器。

（3）配置串口服务器。

（4）配置 ZigBee 协调器与节点。

（5）配置物联网中心网关。

（6）为各个网络设备配置 IP 地址。

2. 网络链路系统设备安装

按照已绘制的"设备连接图"安装与网络链路系统相关的网络设备。

3. 配置路由器

路由器配置表见表 1-4-2，据此进行路由器配置。

请注意将配置内容中的"工位号"字符替换为实际的工位号数字，如 01、02、10 等。

表 1-4-2　路由器配置表

网络配置项	配置内容
网络设置	
WAN 口连接类型	自动获得 IP 地址
无线设置	
无线网络名称（SSID）	IOT 工位号
无线密码	任意设定
局域网设置	
LAN 口 IP 设置	手动
IP 地址	172.16.工位号.1
子网掩码	255.255.255.0

4. 配置串口服务器

串口服务器配置表见表 1-4-3，进行串口服务器的配置。

表 1-4-3　串口服务器配置表

设备	连接端口	端口号及波特率
RS-485 设备（数字量）	COM1	6001，9 600
ZigBee 协调器-黑	COM2	6002，38 400

配置串口服务器如图 1-4-6 所示。

5. 烧写与配置 ZigBee 模块

1）烧写 ZigBee 模块

使用 ZigBee 模块前，需要对其进行"程序烧写"操作，如图 1-4-7 所示。

项目1 智慧酒店项目设计与实施

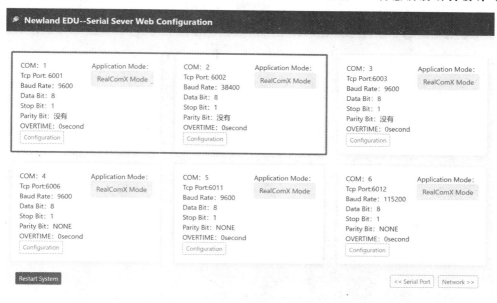

图1-4-6 配置串口服务器

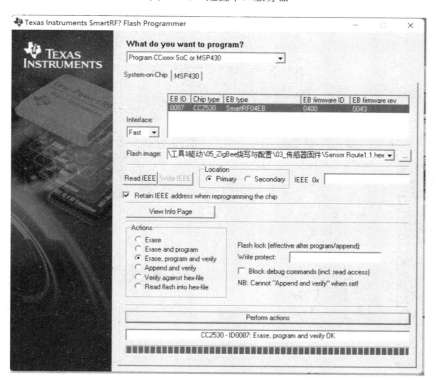

图1-4-7 ZigBee程序烧写

2）配置ZigBee模块

ZigBee模块配置表见表1-4-4，据此进行ZigBee协调器与节点的配置。

表 1-4-4　ZigBee 模块配置表

设备	参数类型	值
所有的 ZigBee 模块	网络号（PanID）	12××
	信道号（Channel）	11～26
	序列号	自行设定

注：为避免信道冲突，"网络号"请自行设定唯一的参数值。请将"××"替换为工位号，如"01""03""10"等。

ZigBee 组网参数配置如图 1-4-8 所示。

图 1-4-8　ZigBee 组网参数配置

6. 配置物联网中心网关

1）配置 Docker 库地址

物联网中心网关需要先配置 Docker 库地址，如图 1-4-9 所示。

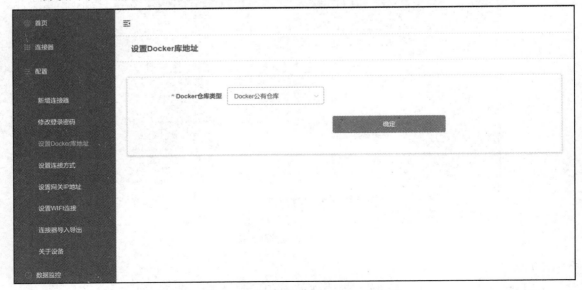

图 1-4-9　配置中心网关的 Docker 库地址

项目1 智慧酒店项目设计与实施

2）新增4150连接器

新增4150连接器配置，如图1-4-10所示。

图1-4-10 新增4150连接器配置

3）新增ZigBee协调器连接器

新增ZigBee协调器连接器配置，如图1-4-11所示。

图1-4-11 新增ZigBee协调器连接器配置

4）新增4150设备

为4150连接器新增4150设备，如图1-4-12所示。

图 1-4-12　为 4150 连接器新增 4150 设备

4150 设备下新增行程开关配置如图 1-4-13 所示。

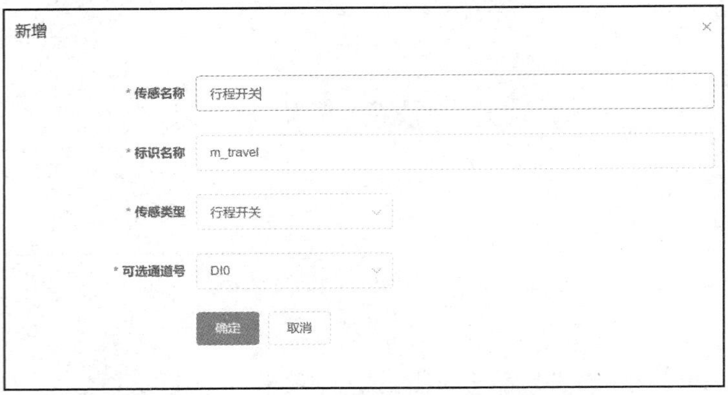

图 1-4-13　4150 设备下新增行程开关配置

根据表 1-4-5 的信息进行 4150 连接的其他传感器和执行器的配置。

表 1-4-5　传感器和执行器配置信息

序号	设备名称	标识	类型	通道号
1	行程开关	m_travel	行程开关	DI0
2	限位开关	m_limitswitch1	限位开关	DI1
3	限位开关	m_limitswitch	限位开关	DI2
4	接近开关	m_switch1	接近开关	DI3
5	人体红外传感器	m_body	人体	DI4
6	烟雾传感器	m_smoke	烟雾	DI5
7	三色灯_红灯	m_red	三色灯	DO0
8	三色灯_绿灯	m_green	三色灯	DO1
9	三色灯_黄灯	m_yellow	三色灯	DO2
10	电动推杆	m_pushrod	电动推杆	DO3、DO4
11	风扇	m_fan	风扇	DO6
12	照明灯	m_lamp	照明灯	DO7

配置好的 4150 设备数据监控界面如图 1-4-14 所示。

项目1 智慧酒店项目设计与实施

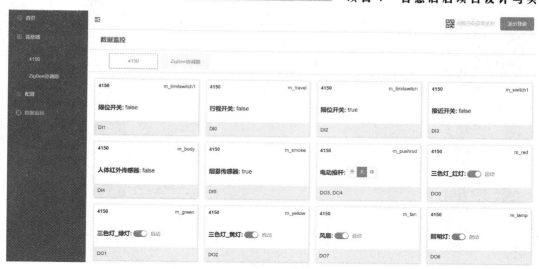

图 1-4-14 4150 设备数据监控界面

5）新增 ZigBee 协调器设备

根据表 1-4-6 为 ZigBee 协调器配置连接的传感器和执行器。

表 1-4-6 ZigBee 传感器执行器配置表

序号	传感名称	标识名称	序列号	传感类型	通道号
1	ZigBee 风扇	Z_fan	1231	双联继电器	第一联
2	ZigBee 照明灯	Z_lamp	1231	双联继电器	第二联
3	ZigBee 湿度	Z_hum	1232	湿度	无
4	ZigBee 温度	Z_temp	1232	温度	无
5	ZigBee 光照	Z_light	1233	光照	无
6	湿度 ZigBee	S_hum	1234	湿度	无
7	温度 ZigBee	S_temp	1234	温度	无

为 ZigBee 协调器新增 ZigBee 执行器和传感器配置如图 1-4-15 所示。

图 1-4-15 ZigBee 协调器新增 ZigBee 执行器和传感器配置

ZigBee 协调器数据监控界面如图 1-4-16 所示。

图 1-4-16　ZigBee 协调器数据监控界面

7. 配置各网络设备的 IP 地址

参考表 1-4-7 设备 IP 地址表进行各个网络设备的 IP 地址配置。

表 1-4-7　设备 IP 地址表

设备名称	配置内容	备注
服务器	IP 地址：172.16.工位号.11 首选 DNS：8.8.8.8	
工作站	IP 地址：172.16.工位号.12 首选 DNS：8.8.8.8	
串口服务器	IP 地址：172.16.工位号.13	
中心网关	IP 地址：172.16.工位号.15	用户名：Newland 密　码：newland

服务器 IP 地址配置界面如图 1-4-17 所示（工位号为 1）。

工作站 IP 地址配置界面如图 1-4-18 所示。

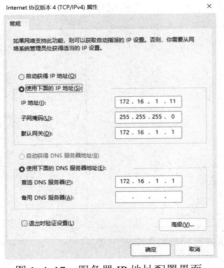

图 1-4-17　服务器 IP 地址配置界面

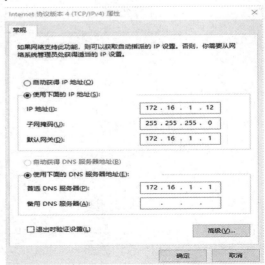

图 1-4-18　工作站 IP 地址配置界面

项目 1　智慧酒店项目设计与实施

串口服务器 IP 地址配置界面如图 1-4-19 所示。

图 1-4-19　串口服务器 IP 地址配置界面

物联网中心网关的 IP 地址配置如图 1-4-20 所示。

图 1-4-20　物联网中心网关 IP 地址配置

使用 IP 扫描工具的扫描结果如图 1-4-21 所示。

1.4.8　部署大堂环境监控系统

1. 功能描述与具体要求

酒店大堂是对外服务的窗口，其重要性不言而喻。为了提高到访客人入住的满意度，现需要借助物联网技术对环境信息进行精细化控制，具体需求如下：

（1）当环境光照度低于 200 lux 时，系统自动打开大堂照

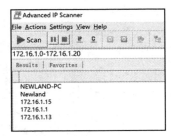

图 1-4-21　使用 IP 扫描工具的扫描结果

33

明灯，否则将其关闭。

（2）当大堂环境温度超过27 ℃或者湿度超过70%时，系统自动开启空调，否则将其关闭。

2. 大堂环境监控系统设备安装

根据"设备连接图"完成大堂环境监控系统的设备安装。

3. 云平台设备配置

云平台添加网关设备配置如图1-4-22所示。

图1-4-22　云平台添加网关设备配置

由于已对物联网中心网关进行添加设备相关的配置，网关上线后将自动适配相应的设备。大堂环境监控系统相关设备界面参考图1-4-23中方框处。

图1-4-23　大堂环境监控系统相关设备界面

项目 1　智慧酒店项目设计与实施

4. 云平台自动控制策略配置

根据功能描述与具体要求，配置云平台的自动控制策略，配置过程如图 1-4-24、图 1-4-25、图 1-4-26 和图 1-4-27 所示。

图 1-4-24　自动开启照明灯控制策略配置

图 1-4-25　自动关闭照明灯策略配置

图 1-4-26　自动开启风扇（代替空调）策略配置

图 1-4-27　自动关闭风扇（代替空调）策略配置

5. 绘制空调自动化控制的流程图

使用 Visio 软件绘制空调自动化控制的流程图。空调自动化控制流程图如图 1-4-28 所示。

6. 云平台应用开发

在云平台上进行应用开发的步骤如下：

（1）使用组态软件创建应用，命名为"酒店大堂温控照明系统"，如图 1-4-29 所示。

（2）应用可显示环境温度、湿度的实时数值，并通过动态曲线进行展示。以分钟为间隔，展示最近 10 分钟的温湿度数据，如图 1-4-30 所示。

（3）应用可实时显示光照值、空调与照明灯的状态，并支持手动控制相关设备。要求界面布局合理美观，设计可参考图 1-4-31。

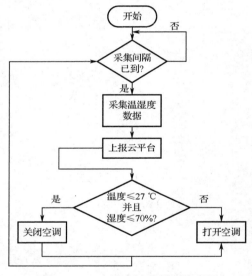

图 1-4-28　空调自动化控制流程图

图 1-4-29　云平台创建应用

项目1　智慧酒店项目设计与实施

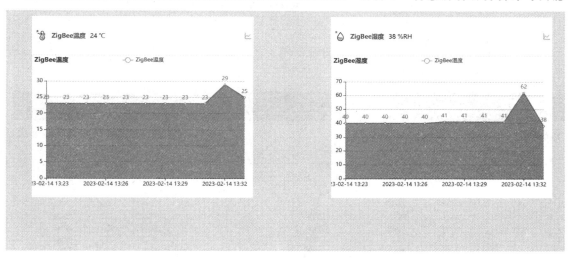

图 1-4-30　酒店大堂内最近十分钟温湿度传感器数值

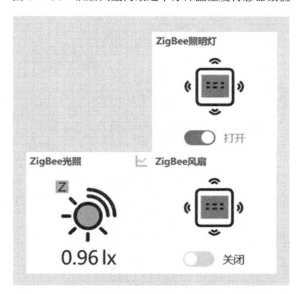

图 1-4-31　酒店大堂内照明实时监测状况设计界面

1.4.9　部署电动窗帘控制系统

1. 功能描述与具体要求

为了提升客人的入住体验，酒店需要为每个房间的窗户加装电动窗帘控制系统。窗帘的开闭受床头的按钮控制，具体控制需求如下：

（1）当窗帘处于打开状态时，客人持续按住"窗帘关"按钮，则推杆伸长，直至窗帘完全关闭。

（2）当窗帘处于关闭状态时，客人持续按住"窗帘开"按钮，则推杆缩短，直至窗帘完全打开。

2. 电动窗帘控制系统设备安装

根据"设备连接图"完成电动窗帘控制系统的设备安装。

物联网项目设计与实施

3. 云平台设备配置

由于已对物联网中心网关进行添加设备相关的配置，网关上线后将自动适配相应的设备。电动窗帘控制系统相关的设备界面可参考图 1-4-32 中方框处。

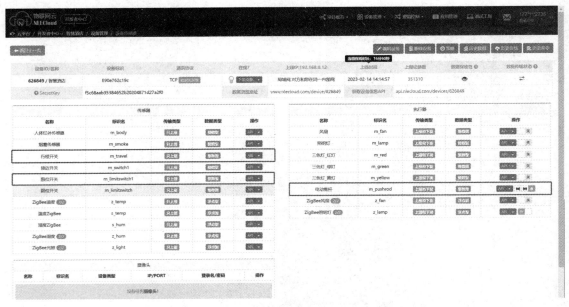

图 1-4-32　电动窗帘控制系统相关设备界面

4. 云平台自动控制策略配置

根据功能描述与具体要求，配置云平台的自动控制策略。电动窗帘的打开策略配置如图 1-4-33 所示，关闭策略配置如图 1-4-34 所示，停止策略配置如图 1-4-35 所示。

图 1-4-33　电动窗帘的打开策略配置

项目1 智慧酒店项目设计与实施

图 1-4-34 电动窗帘的关闭策略配置

图 1-4-35 电动窗帘的停止策略配置

5. 云平台应用开发

在云平台上进行应用开发的步骤如下：

（1）使用组态软件创建应用，并将其命名为"电动窗帘控制系统"，如图 1-4-36 所示。

（2）应用可显示当前的窗帘开闭状态——全开、全关或者半开。要求界面布局合理美观，具体设计界面参考图 1-4-37。

39

物联网项目设计与实施

图 1-4-36 创建"电动窗帘控制系统"

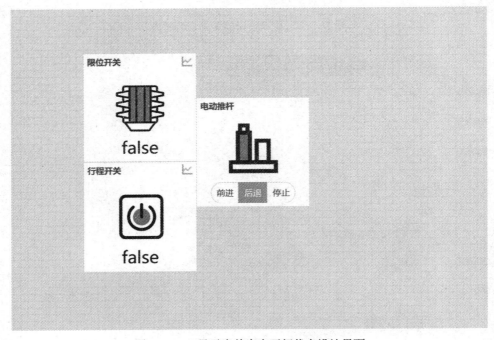

图 1-4-37 显示当前窗帘开闭状态设计界面

1.4.10 部署客房呼叫服务系统

1. 功能描述与具体要求

为了提高客服人员对客人需求的响应速度,酒店需要为每个客房加装呼叫服务系统,具体控制需求如下:

(1)客人按下"呼叫"按钮,大堂前台将会收到信息,指示灯【红亮绿灭】。
(2)服务员收悉客人的呼叫需求后,可按下"确认"按钮,指示灯【红灭绿亮】。

项目1 智慧酒店项目设计与实施

2. 客房呼叫服务系统设备安装

根据"设备连接图"完成客房呼叫服务系统的设备安装。

3. 云平台设备配置

由于已对物联网中心网关进行设备添加相关的配置,因此网关上线后将自动适配相应的设备。配置好的客房呼叫服务系统相关设备的界面可参考图 1-4-38 中方框处内容。

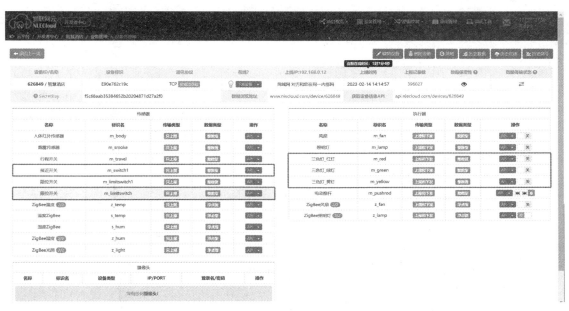

图 1-4-38　客房呼叫服务系统相关设备界面

4. 云平台自动控制策略配置

根据功能描述与具体要求,配置云平台的自动控制策略。客房呼叫的策略配置如图 1-4-39 所示,大堂确认的策略配置如图 1-4-40 所示。

图 1-4-39　客房呼叫的策略配置

41

物联网项目设计与实施

图 1-4-40 大堂确认的策略配置

5. 云平台应用开发

在云平台上进行应用开发的步骤如下：

（1）使用组态软件创建应用，命名为"呼叫服务系统"，如图 1-4-41 所示。

（2）应用可显示当前的系统的工作状态——有人呼叫或无人呼叫。要求界面布局合理美观，具体设计界面参考图 1-4-42。

图 1-4-41 创建"酒店呼叫服务系统"

项目 1　智慧酒店项目设计与实施

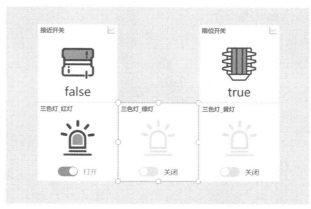

图 1-4-42　客房呼叫监测实时状况设计界面

1.4.11　部署会议室智能感知系统

1. 功能描述与具体要求

为了改善会议室的使用体验，酒店需要为每个会议室加装智能感知系统。该系统可借助相关传感器采集的数据，完成对会议室环境的监控，具体控制需求如下：

（1）系统若感应到有人进入会议室，则自动打开会议室的照明灯，反之自动关闭照明灯。
（2）系统若感应到会议室里有烟雾等有害气体，则自动打开排气扇，反之自动关闭排气扇。

2. 会议室智能感知系统设备安装

根据"设备连接图"完成会议室智能感知系统的设备安装。

3. 云平台设备配置

由于已对物联网中心网关进行设备添加相关的配置，因此网关上线后将自动适配相应的设备。配置好的会议室智能感知系统相关设备界面可参考图 1-4-43 中方框处。

图 1-4-43　会议室智能感知系统相关设备界面

物联网项目设计与实施

4. 云平台自动控制策略配置

根据功能描述与具体要求，配置云平台的自动控制策略。照明灯与排气扇的策略配置完成效果如图 1-4-44～图 1-4-47 所示。

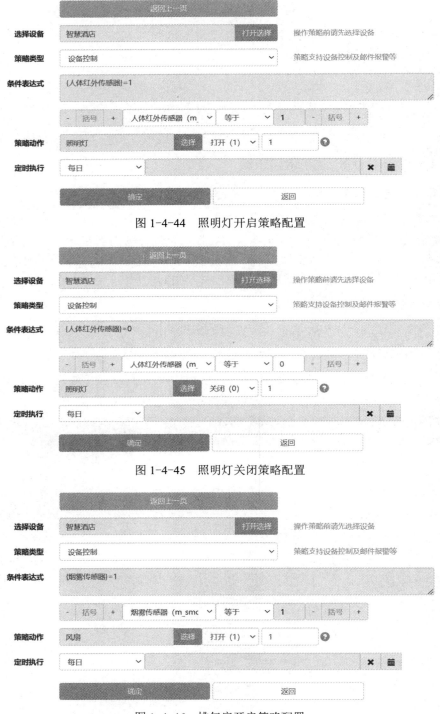

图 1-4-44　照明灯开启策略配置

图 1-4-45　照明灯关闭策略配置

图 1-4-46　排气扇开启策略配置

项目 1　智慧酒店项目设计与实施

图 1-4-47　排气扇关闭策略配置

5. 云平台应用开发

在云平台上进行应用开发的步骤如下：

（1）使用组态软件创建应用，并将其命名为"会议室智能感知系统"，如图 1-4-48 所示。

（2）应用可动态显示当前会议室的状态——有人（False）或无人（True）、有烟（True）或无烟（False）。要求界面布局合理美观，具体设计界面参考图 1-4-49。

图 1-4-48　创建"会议室智能感知系统"应用

45

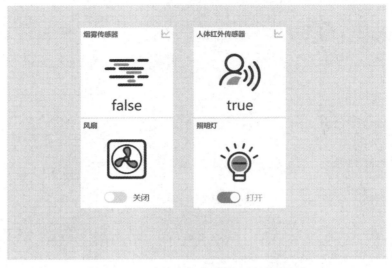

图 1-4-49　会议室智能感知应用界面显示

任务检查与评价

任务实施完成后，开展任务检查与评价，相关表格位于任务工单 1.4 中。请参照评分标准完成任务自查、组内互评，并将分数登记到网络学习平台中。

项目 2

智慧商超项目设计与实施

扫一扫下载设计资料：项目 2 智慧商超（人员检测）

项目背景

扫一扫下载设计资料：项目 2 智慧商超（温湿度检测）

扫一扫下载设计资料：项目 2 智慧商超（自动结账）

随着我国人口持续增长和经济水平的稳步提升，超市的数量随之不断增加，规模不断扩大，商品种类和数量亦呈倍数增长。如今，商超已遍布城市各个区域，成为人们日常生活中不可或缺的购物场所。

然而，超市规模的不断扩大亦带来诸多负效应：商品种类的丰富使消费者选购变得困难；客流量增大导致顾客排队等待时间过长；供应链复杂，人力成本高昂，运营成本上升，以及盈利模式单一等等。传统超市的经营模式已逐渐滞后于市场发展，难以满足城市居民的日常需求。因此，智慧商超的概念应运而生，图 2-0-1 展示了智慧商超的应用场景。

图 2-0-1 智慧商超场景

物联网项目设计与实施

为了给消费者带来更加舒适、便捷的购物体验，使用物联网技术对超市进行建设，将其推向智能发展的新阶段。初步规划区域有：

（1）网络链路区域搭建。
（2）超市入口区域建设。
（3）超市出口区域建设。
（4）超市主营区域建设。
（5）停车场出口区域建设。

本项目将带领读者从项目改造需求分析开始，逐步完成智慧商超的开发实施。

学习目标

知识目标

（1）掌握物联网项目需求分析的定义、目的与内容。
（2）掌握总体方案设计的目的和主要内容。
（3）掌握系统详细设计的目的和主要内容。
（4）了解系统测试的内容和过程。

能力目标

（1）能梳理并编制物联网项目的功能列表。
（2）能绘制物联网项目的功能流程图。
（3）能设计物联网项目的总体方案。
（4）能开展感知层设计工作。
（5）能开展网络传输设计工作。
（6）能绘制设备安装规划图和设备连接图。

素质目标

（1）培养谦虚、好学、勤于思考、认真做事的良好习惯——具有严谨的开发流程和正确的编程思路。
（2）培养团队协作能力——学生之间相互沟通、互相帮助、共同学习、共同达到目标。
（3）提升自我展示能力——能够讲述、说明和回答问题。
（4）培养可持续发展能力——能够利用书籍或网络上的资料帮助解决实际问题。

任务 2.1 项目需求分析

扫一扫看教学课件：任务 2.1 项目需求分析

任务描述与要求

扫一扫看任务 2.1 任务工单

任务描述

超市提出利用物联网技术对智能系统进行信息化升级改造的需求，要改造的区域包括超市入口区域、超市出口区域、超市主营区域、冻库区域等等。

该超市的经营方提出了以下智能化改造需求：

1. 超市入口区域

当有人进入超市时，摄像头自动开启，当室外光线较暗的时候，广告灯箱自动亮起，当

项目 2　智慧商超项目设计与实施

室外亮度较高时广告灯箱自动熄灭,入口处监测到的数据要能够实时显示在云平台上。

2. 超市出口区域

能够自动结账,并实时显示室外的情况,告知顾客是否需要准备伞来遮挡阳光或者雨水。

3. 超市主营区域

超市主营区域需要实时监控室内环境温度,超过 25 摄氏度就开启空调或者风扇降温,若低于 17 摄氏度则关闭空调或者风扇;湿度若超过 50%就自动开启空调或者风扇,反之关闭空调或风扇;要检测空气中二氧化碳的含量,超标就开启空调通风;要做好安全保障,发现有火焰或者烟雾就开启报警灯,主营区域的灯光要常亮,保证顾客在一个明亮的环境购物。要将所有的数据实时显示在平台上,超市经理可随时查看。

4. 停车场出口区域

停车场出口安装道闸装置,平时道闸处于关闭状态,当车辆允许驶出,道闸就抬起,道闸抬起缩回的过程中,要有灯光提醒。

任务要求

(1) 完成智慧商超项目的需求分析。

(2) 梳理功能列表、绘制功能流程图、编制功能需求表。

任务计划

请根据任务要求制订本任务的实施计划表并完善任务工单 2.1,任务实施计划表见表 2-1-1。

表 2-1-1　任务实施计划表

序号	任务内容	负责人

任务实施

2.1.1　梳理系统功能列表

根据客户需求,梳理系统的功能,填写系统功能列表 2-1-2 并完善任务工单 2.1。

表 2-1-2　系统功能列表

功能类别	功能项	功能简述

2.1.2 绘制功能流程图

根据客户需求，绘制系统的功能流程图并完善任务工单 2.1。

任务检查与评价

任务实施完成后，开展任务检查与评价，相关表格位于任务工单 2.1 中。请参照评分标准完成任务自查、组内互评，并将分数登记到网络学习平台中。

任务 2.2 系统方案设计

任务描述与要求

任务描述

通过需求分析阶段的工作，我们已明确智慧商超项目的具体需求。本任务要求根据需求文档对项目进行详细的规划，并完成系统方案的设计。

任务要求

（1）完成系统架构设计。
（2）完成系统功能模块设计。
（3）完成网络拓扑设计。
（4）完成感知层、网络层设备选型和应用系统选型。
（5）编制设计说明文档。

任务计划

请根据任务要求制订本任务的实施计划表并完善任务工单 2.2，任务实施计划表见表 2-2-1。

表 2-2-1 任务实施计划表

序号	任务内容	负责人

任务实施

2.2.1 设计整体方案

1. 子系统划分

划分子系统，填充子系统划分表（见表 2-2-2），并完善任务工单 2.2。

项目 2　智慧商超项目设计与实施

表 2-2-2　子系统划分表

序号	子系统名称	功能简述

2. 系统网络拓扑设计

根据客户需求,绘制系统的网络拓扑图并完善任务工单 2.2。

2.2.2　设计感知层方案

1. 编制感知层设备清单

根据系统前端数据采集的需求,编制感知层设备清单(见表 2-2-3),并完善任务工单 2.2。

表 2-2-3　感知层设备清单

子系统名称	设备名称	设备数量	安装位置

2. 感知层设备选型

综合考虑技术先进、价格合理、生产适用的原则,编制感知层设备选型表(见表 2-2-4),并完善任务工单 2.2。

表 2-2-4　感知层设备选型表

序号	设备名称	设备图样	主要设备参数

2.2.3　设计网络传输方案

1. 选取传输技术

结合应用场景,为了保障信息传输的可靠性,请为系统选取合适的传输技术并填写系统传输技术选型表(见表 2-2-5),并完善任务工单 2.2。

表 2-2-5　系统传输技术选型表

应用子系统	传输技术	选型理由

51

物联网项目设计与实施

续表

应用子系统	传输技术	选型理由

2. 编制网络层设备清单

根据网络传输的需求,编制网络层设备清单(见表 2-2-6)并完善任务工单 2.2。

表 2-2-6 网络层设备清单

设备名称	设备数量	安装位置

3. 网络层设备选型

综合考虑技术先进、价格合理、生产适用的原则,编制网络层设备选型表(见表 2-2-7),并完善任务工单 2.2。

表 2-2-7 网络层设备选型表

序号	设备名称	设备图样	主要设备参数

任务检查与评价

任务实施完成后,开展任务检查与评价,相关表格位于任务工单 2.2 中。请参照评分标准完成任务自查、组内互评,并将分数登记到网络学习平台中。

任务 2.3 系统应用开发

扫一扫看教学课件:任务 2.3 系统应用开发

扫一扫看任务 2.3 任务工单

任务描述与要求

任务描述

本任务要求完成智慧商超项目的应用开发,包括超市入口人员检测、超市出口环境温湿度显示及自动结账功能。

人员检测任务要求

(1)通过红外对射,当检测到有人进入超市时,摄像头自动开启。

(2)保存照片到指定的路径。

温湿度检测任务要求：

(1)检测室外温湿度值，并显示在LED屏幕上。

(2)告知顾客是否需要准备伞来遮挡阳光或者雨水。

自动结账任务要求：

超高频读写器读取商品进行结账操作。

知识储备

根据任务要求，对系统的设备选型分析如下。

2.3.1 人员检测相关设备

1. 红外对射设备，如图2-3-1所示。
2. 红外对射硬件资源介绍，如图2-3-2所示。
3. 智能摄像头，如图2-3-3所示。

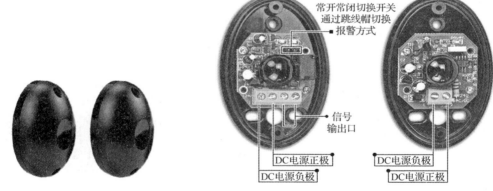

图 2-3-1　红外对射设备　　　　图 2-3-2　红外对射硬件资源介绍

2.3.2 温湿度检测相关设备

(1)温湿度传感器，如图2-3-4所示。

 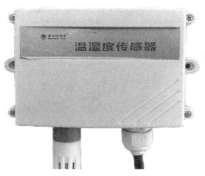

图 2-3-3　智能摄像头　　　图 2-3-4　温湿度传感器

线缆功能介绍：红线接+24 V，黑线接 GND，绿色线 HUMI 是湿度信号线，蓝色线 TEMP 是温度信号线。

（2）LED 显示屏，如图 2-3-5 所示。

线缆包括：一根串口线，一根电源线。

2.3.3 自动结账相关设备

UHF 超高频读写器如图 2-3-6 所示。

图 2-3-5 LED 显示屏　　　　　图 2-3-6 UHF 超高频读写器

线缆包括：一根串口线，一根电源线。

任务计划

2.3.4 编制实施计划表

请根据任务要求编制本任务的实施计划表并完善任务工单 2.3，任务实施计划表见表 2-3-1。

表 2-3-1 任务实施计划表

序号	任务内容	负责人

2.3.5 绘制程序流程图

可参照图 2-3-7 绘制人员检测任务流程图。

可参照图 2-3-8 绘制温湿度检测任务流程图。

可参照图 2-3-9 绘制自动结账任务流程图。

项目 2　智慧商超项目设计与实施

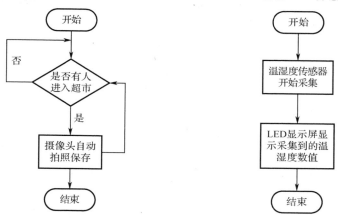

图 2-3-7　人员检测程序流程图　　图 2-3-8　温湿度检测任务流程图

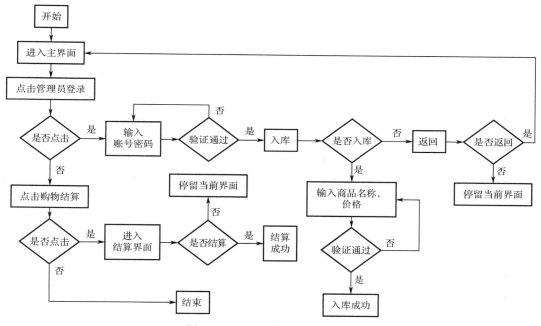

图 2-3-9　自动结账任务流程图

任务实施

2.3.6 开发人员检测功能

程序运行结果如图 2-3-10、图 2-3-11 所示。

1. 人员检测界面设计代码

按照人员检测任务要求，参考图 2-3-10 和图 2-3-11 所示的开发人员检测 App 界面，完成界面设计代码。

扫一扫看参考代码：人员检测界面设计

2. 人员检测主程序设计代码

按照人员检测任务要求，参考图 2-3-10 和图 2-3-11 所示的开发

扫一扫看参考代码：人员检测主程序

人员检测 App 界面，完成主程序设计代码。

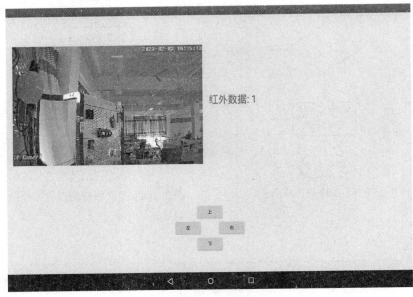

图 2-3-10　检测到有人时界面状况

图 2-3-11　检测到无人时界面状况

3. 添加网络权限

运行程序时，需要给予程序访问网络的权限，否则无法成功地获取网络数据。需要在"AndroidManifest.xml"添加下列代码：

```
<uses-permission android:name="android.permission.INTERNET"/>
```

2.3.7　开发温湿度检测功能

程序运行参考界面如图 2-3-12、图 2-3-13 所示。

项目 2　智慧商超项目设计与实施

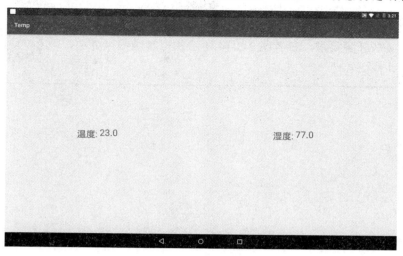

图 2-3-12　温度与湿度显示界面

图 2-3-13　LED 屏显示温度

1. 温湿度检测界面设计代码

按照温湿度检测任务要求，参考图 2-3-12 所示的温度与湿度检测 App 界面，完成界面设计代码。

扫一扫看参考代码：温湿度检测界面设计

2. 温湿度检测主程序设计代码

按照温湿度检测任务要求，参考图 2-3-12 所示的温度与湿度检测 App 界面，完成主程序设计代码。

扫一扫看参考代码：温湿度检测主程序

2.3.8　开发自动结账功能

程序运行参考界面如图 2-3-14、图 2-3-15、图 2-3-16、图 2-3-17 所示。

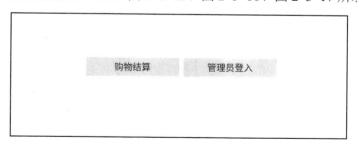

图 2-3-14　自动结账主界面

1. 自动结账界面设计代码

自动结账主界面如图 2-3-14 所示，按照自动结账任务要求，完成界面设计代码。

扫一扫看参考代码：自动结账界面设计

57

物联网项目设计与实施

扫一扫看参考代码：自动结账主程序

2. 自动结账主程序设计代码

按照自动结账任务要求，参考图 2-3-14 所示的自动结账主界面，完成主程序设计代码。

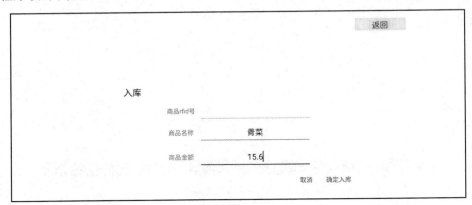

图 2-3-15　入库界面

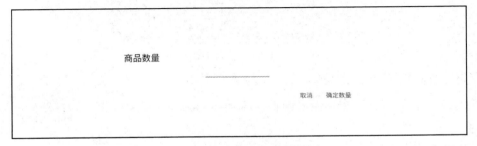

图 2-3-16　确定商品数量界面

图 2-3-17　结算界面

任务检查与评价

任务实施完成后，开展任务检查与评价，相关表格位于任务工单 2.3 中。请参照评分标准完成任务自查、组内互评，并将分数登记到网络学习平台中。

项目 2　智慧商超项目设计与实施

任务 2.4　系统集成部署

任务描述与要求

任务描述

智慧商超项目经过需求分析与方案设计流程后，可进入项目实施阶段。本任务要求根据系统方案进行项目的实施。

任务要求

（1）完成网络链路系统的安装与调试。
（2）完成各系统感知层设备的安装与调试。
（3）完成各系统的云平台应用的部署。
（4）完成各系统的工作流程图、设备架构图等图表的绘制。

知识储备

2.4.1　绘制设备安装规划图

在开展设备安装工作前，应根据客户需求和实际部署环境来规划各设备具体的安装位置。智慧商超项目的设备安装规划参考图如图 2-4-1 所示。

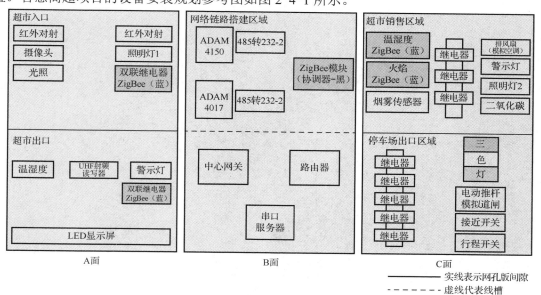

图 2-4-1　智慧商超项目的设备安装规划参考图

2.4.2　绘制设备连接图

设备连接图是智慧商超物联网系统中的重要工具，用于使各设备之间的连接方式可视化。在进行智慧商超项目的设备安装之前，绘制设备连接图可以确保设备之间的正确连接，从而实现有效的通信。

物联网项目设计与实施

智慧商超设备连接图如图 2-4-2 所示。

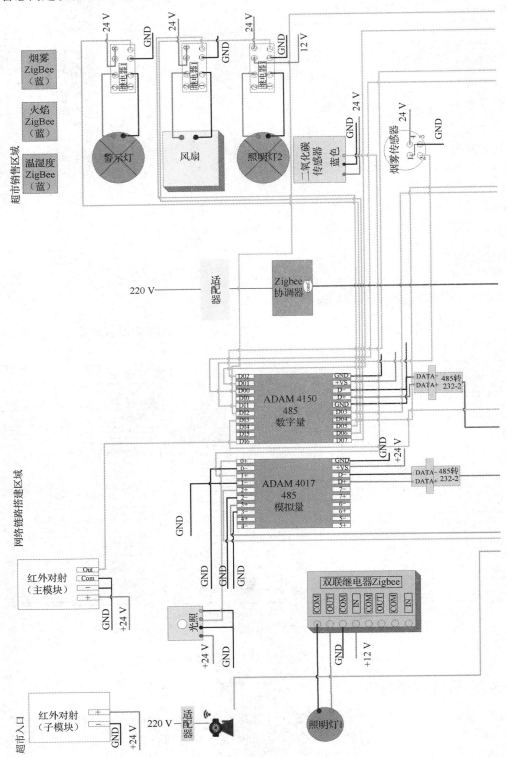

图2-4-2 智慧商

项目 2 智慧商超项目设计与实施

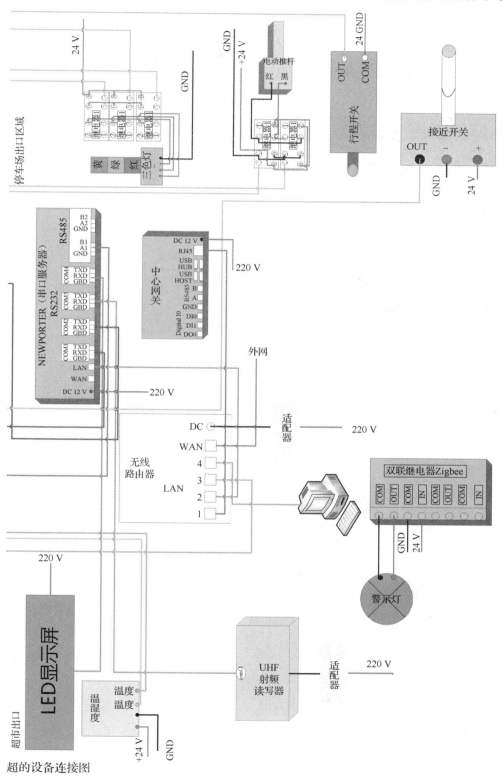

超的设备连接图

物联网项目设计与实施

任务计划

请根据任务要求编制本任务的实施计划表并完善任务工单 2.4，任务实施计划表见表 2-4-1。

表 2-4-1 任务实施计划表

序号	任务内容	负责人

任务实施

2.4.3 绘制设备安装规划图

智慧商超项目设备区域布局图如图 2-4-3 所示。

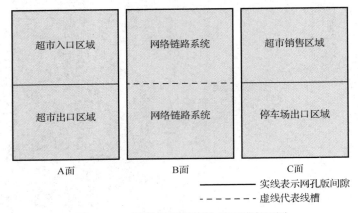

图 2-4-3 智慧商超项目设备区域布局图

现要求结合任务 2 形成的"感知层设备清单"与"网络层设备清单"规划各设备的具体安装位置，并在任务工单 2.4 中绘制"设备安装规划图"。

2.4.4 绘制设备连接图

参考图 2-4-3 给出的智慧商超项目的设备区域布局图，使用 Visio 软件在任务工单 2.4 中绘制"设备连接图"。

2.4.5 部署网络链路系统

1. 功能描述与具体要求

在安装部署各信息系统前需要先部署网络链路系统于机房中。机房是智慧商超的控制中心，它为各个信息系统提供网络链路支撑。

网络链路系统部署的具体需求如下：

（1）根据"设备安装规划图"，在网络链路系统区域安装相关的网络设备：交换机、4150 数字量采集器、4017 模拟量采集器、路由器、中心网关、串口服务器、协调器。

（2）配置路由器。

（3）配置串口服务器。

（4）配置 ZigBee 协调器与节点。

（5）配置物联网中心网关。

（6）为各个网络设备配置 IP 地址。

2. 网络链路系统设备安装

按照已绘制的"设备连接图"安装与网络链路系统相关的网络设备。

3. 配置路由器

根据路由器配置表（见表 2-4-2）进行路由器的配置。

请注意将配置内容中的"工位号"字符替换为实际的工位号数字，如 01、02、10 等。

表 2-4-2　路由器配置表

网络配置项	配置内容
网络设置	
WAN 口连接类型	自动获得 IP 地址
无线设置	
无线网络名称（SSID）	IOT 工位号
无线密码	任意设定
局域网设置	
LAN 口 IP 设置	手动
IP 地址	172.16.工位号.1
子网掩码	255.255.255.0

4. 配置串口服务器

根据串口服务器配置表（见表 2-4-3）进行串口服务器的配置。

表 2-4-3　串口服务器配置表

设备	连接端口	端口号及波特率
4150 数字量采集器	COM1	6001，9 600
ZigBee 协调器	COM2	6002，38 400
UHF 射频读写器	COM3	6005，115 200
LED 显示屏	COM4	6006，9 600
4017 模拟量采集器	COM5	6011，9 600

串口服务器界面配置如图 2-4-4 所示。

物联网项目设计与实施

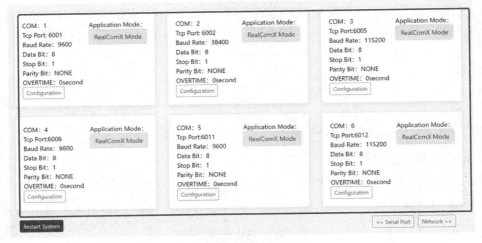

图 2-4-4　串口服务器配置界面

5. 烧写与配置 ZigBee 模块

1）烧写 ZigBee 模块

使用 ZigBee 模块前，需要对其进行"程序烧写"操作。

2）配置 ZigBee 模块

根据表 2-4-4 进行 ZigBee 协调器模块程序的烧写与配置。

表 2-4-4　ZigBee 设备配置表

设备	参数类型	值
所有模块	网络号（PanID）	自行设定
	信道号（Channel）	自行设定
	序列号	自行设定

注：为避免信道冲突，"网络号"请自行设定唯一的参数值。

ZigBee 组网参数配置界面如图 2-4-5 所示。

图 2-4-5　ZigBee 组网参数配置界面

6. 配置物联网中心网关

1）配置 Docker 库地址

配置中心网关的 Docker 库地址如图 2-4-6 所示。

图 2-4-6 配置中心网关的 Docker 库地址

配置中心网关 TCP 连接参数如图 2-4-7 所示。

图 2-4-7 配置中心网关 TCP 连接参数

2）新增 4150 连接器

中心网关新增 4150 连接器如图 2-4-8 所示。

图 2-4-8 中心网关新增 4150 连接器

3）新增 ZigBee 协调器连接器

中心网关新增 ZigBee 协调器连接器如图 2-4-9 所示。

图 2-4-9　中心网关新增 ZigBee 协议器连接器

4）新增 UHF 射频读写器连接器

中心网关新增 UHF 射频读写器连接器如图 2-4-10 所示。

图 2-4-10　中心网关新增 UHF 射频读写器连接器

5）新增 LED 显示屏连接器

中心网关新增 LED 显示屏连接器如图 2-4-11 所示。

6）新增 4017 模拟量采集器连接器

中心网关新增 4017 模拟量采集器连接器如图 2-4-12 所示。

7）新增摄像头连接器

中心网关新增摄像头连接器如图 2-4-13 所示。

项目 2　智慧商超项目设计与实施

图 2-4-11　中心网关新增 LED 显示屏连接器

图 2-4-12　中心网关新增 4017 模拟量采集器连接器

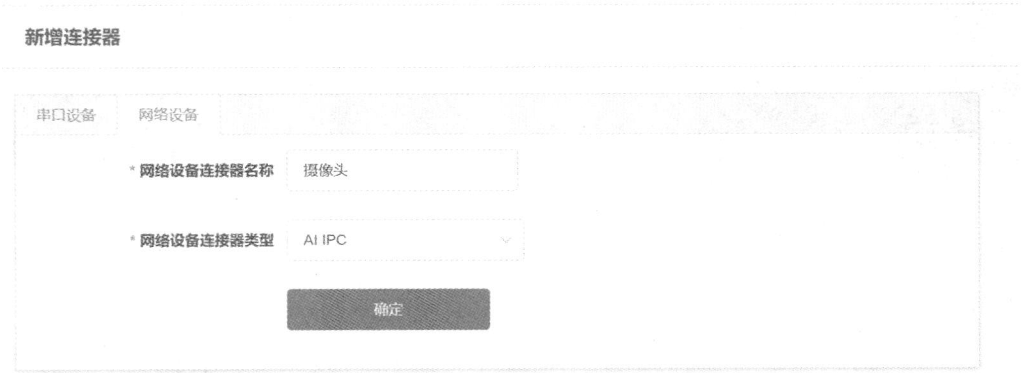

图 2-4-13　中心网关新增摄像头连接器

物联网项目设计与实施

根据摄像头配置表（见表2-4-5）进行摄像头的配置。

表2-4-5 摄像头配置表

设备名称	标识	类型	摄像头IP	摄像头端口	用户名	用户密码
摄像头	Camera	客流机	172.16.1.13	80	admin	admin

摄像头数据监控界面如图2-4-14所示。

图2-4-14 摄像头数据监控界面

8）在4150连接器中新增4150设备

在4150数字量采集器连接器中新增4150数字量采集器如图2-4-15所示。

图2-4-15 在4150数字量采集器连接器中新增4150数字量采集器

9）在4150连接器的4150设备中新增传感器和执行器

4150连接新增传感器和执行器如图2-4-16所示。

根据表2-4-6进行与4150连接的传感器和执行器的配置。

项目 2　智慧商超项目设计与实施

图 2-4-16　4150 连接新增传感器和执行器

表 2-4-6　传感器执行器配置表

序号	设备名称	标识	类型	通道号
1	烟雾传感器	m_smoke	烟雾	DI1
2	行程开关	m_travel	行程开关	DI2
3	接近开关	m_switch1	接近开关	DI3
4	红外对射传感器	m_infrared	红外对射	DI6
5	三色灯_黄灯	lamp_yellow	三色灯	DO0
6	三色灯_绿灯	lamp_green	三色灯	DO1
7	三色灯_黄灯	lamp_red	三色灯	DO2
8	电动推杆	m_pushrod	电动推杆	DO3、DO4
9	风扇	m_fan	风扇	DO5
10	警示灯	m_lamp	警示灯	DO6
11	照明灯	Lamp	照明灯	DO7

4150 数字量采集器监控执行器界面如图 2-4-17 所示。

图 2-4-17　4150 数字量采集器监控执行器界面

69

10）在4017连接器中新增4017设备

新增4017模拟量采集器连接器设备如图2-4-18所示。

图 2-4-18　新增4017模拟量采集器连接器设备

11）在4017连接器的4017设备中新增传感器

4017设备下新增传感器如图2-4-19所示。

图 2-4-19　4017设备下新增传感器

根据传感器配置表（见表2-4-7）进行4017连接的传感器的配置。

表 2-4-7　传感器配置表

序号	设备名称	标识	类型	通道号
1	光照传感器	Light	光照	VIN0
2	二氧化碳	F_co2	二氧化碳	VIN1
3	温湿度传感器_温度	Temperature	温度	VIN2
4	温湿度传感器_湿度	Humidity	湿度	VIN3

4017 模拟量采集器数据监控界面如图 2-4-20 所示。

图 2-4-20　4017 模拟量采集器数据监控界面

12）在 ZigBee 协调器中新增 ZigBee 传感器和执行器

ZigBee 协调器新增 ZigBee 火焰传感器和执行器如图 2-4-21 所示。

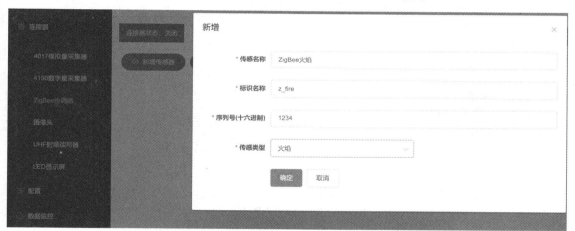

图 2-4-21　ZigBee 协调器新增 ZigBee 火焰传感器和执行器

根据表 2-4-8 进行 ZigBee 协调器连接传感器和执行器的配置。

表 2-4-8　ZigBee 协调器连接传感器和执行器配置表

序号	传感名称	标识名称	序列号	传感类型	通道号
1	ZigBee 火焰	z_fire	1234	火焰	无
2	ZigBee 温度	z_temp	1235	温度	无
3	ZigBee 湿度	Z_hum	1235	湿度	无
4	双联继电器照明灯	S_lamp	1236	双联继电器	第一联

ZigBee 协调器监控界面如图 2-4-22 所示。

13）配置 UHF 射频读写器

根据表 2-4-9 进行 UHF 射频读写器的配置。

物联网项目设计与实施

图 2-4-22　ZigBee 协调器监控界面

表 2-4-9　UHF 射频读写器配置表

传感名称	标识名称	传感类型
读卡器	l_po	Rifd 超高频

UHF 射频读写器数据监控界面如图 2-4-23 所示。

图 2-4-23　UHF 射频读写器数据监控界面

（14）配置 LED 显示屏

根据表 2-4-10 进行 LED 显示屏的配置。

表 2-4-10　LED 显示屏配置表

传感名称	标识名称	序列号	传感类型
LED	Led_dd	01	Led

LED 显示屏数据监控界面如图 2-4-24 所示。

图 2-4-24　LED 显示屏数据监控界面

7. 配置各网络设备的 IP 地址

根据表 2-4-11 进行各个网络设备的 IP 地址配置。

项目 2　智慧商超项目设计与实施

表 2-4-11　设备 IP 地址表

设备名称	配置内容	备注
服务器	IP 地址：172.16.1.工位号.11 首选 DNS：192.168.0.254	
工作站	IP 地址：172.16.工位号.12 首选 DNS：192.168.0.254	
网络摄像头	IP 地址：172.16.工位号.13	
串口服务器	IP 地址：172.16.工位号.15	
中心网关	IP 地址：172.16.工位号.16	用户名：newland 密　码：newland

服务站 IP 地址配置界面如图 2-4-25 所示。（例如：工位号为 1）

工作站 IP 地址配置界面如图 2-4-26 所示。

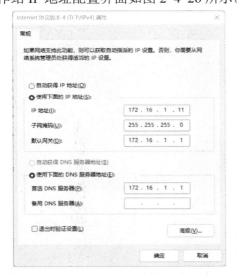
图 2-4-25　服务器的 IP 地址配置界面

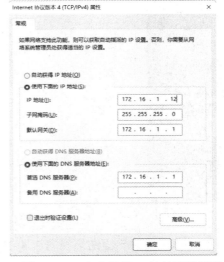
图 2-4-26　工作站的 IP 地址配置界面

网络摄像头 IP 地址配置界面如图 2-4-27 所示。

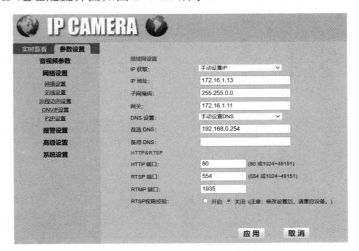

图 2-4-27　网络摄像头 IP 地址配置界面

73

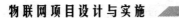

串口服务器 IP 地址配置界面如图 2-4-28 所示。

图 2-4-28　串口服务器 IP 地址配置界面

中心网关 IP 地址配置界面如图 2-4-29 所示。

图 2-4-29　中心网关 IP 地址配置界面

使用 IP 扫描工具的扫描结果如图 2-4-30 所示。

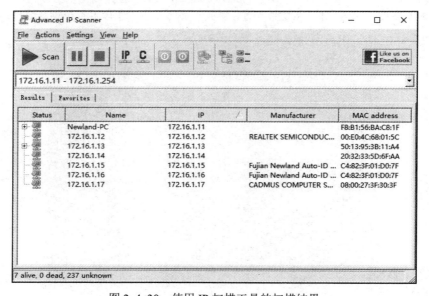

图 2-4-30　使用 IP 扫描工具的扫描结果

2.4.6 部署超市入口区域系统

1. 功能描述与具体要求

超市入口通常位于客流量较大、交通便利的区域，其重要性不言而喻。为提高顾客满意度，现需运用物联网技术对超市入口区域环境信息实施精细化控制，具体需求如下：

（1）当环境光照度低于 100 lux 时，系统自动打开入口处广告灯箱内的照明灯，否则照明灯关闭。

（2）当有人进入超市时，门口安装的红外对射装置开启，触发红外信号，此时入口处安装的摄像头自动开始拍照。

（3）在云平台上使用组态软件创建应用，名为"超市入口"，在应用中要求显示实时光照数值动态曲线，以分钟为间隔，展示最近 10 分钟内的光照值数据。

（4）在超市入口应用中要求照明灯的不同运行状态需要使用不同的图片显示，同时可以通过单击照明灯运行状态图片控制超市入口建设区域安装的照明灯亮起或熄灭。

2. 超市入口区域设备安装

按照已绘制的"设备连接图"完成超市入口区域相关的网络设备安装。

3. 云平台设备配置

按照云平台设备配置参数表见表 2-4-12 完成云平台设备的配置。

表 2-4-12　云平台设备配置参数表

设备类型	设备名	名称	云平台标识
传感器	红外对射传感器	红外对射传感器	m_infrared
	光照传感器	光照传感器	light
执行器	照明灯	双联继电器照明灯	s_lamp
摄像头	摄像头	摄像头	camera

云平台添加网关设备配置界面如图 2-4-31 所示。

图 2-4-31　云平台添加网关设备配置界面

物联网项目设计与实施

云平台通过数据流收集所有传感器与执行器的数据，相关显示界面如图 2-4-32、图 2-4-33 所示。

设备ID/名称	设备标识	通讯协议	在线？
624347 / 智慧商超	E90e762c19c	TCP 数据流获取	💡 下发设备 ▼
❓ SecretKey	f5c68aab35384652b20204871d27a2f0		数据浏览地址

传感器

	名称	标识名	传输类型	数据类型	操作
[true] 09分07秒	红外对射传感器	m_infrared	只上报	整数型	API ▼
[空值] 09分08秒	读卡器	l_po	只上报	字符型	API ▼
温湿度传感器_温度 [51.49℃] 09分08秒	temperature	只上报	浮点型	API ▼
温湿度传感器_湿度 [23.46%RH] 09分08秒	humidity	只上报	浮点型	API ▼
[1.04lx] 09分08秒	光照传感器	light	只上报	浮点型	API ▼
二氧化碳 [14.21ppm] 09分08秒	f_co2	只上报	浮点型	API ▼
[false] 09分07秒	烟雾传感器	m_smoke	只上报	整数型	API ▼
[空值] 09分08秒	ZigBee火焰	z_fire	只上报	浮点型	API ▼
[空值] 09分08秒	ZigBee温度	z_temp	只上报	浮点型	API ▼
[空值] 09分08秒	ZigBee湿度	z_hum	只上报	浮点型	API ▼
[false] 09分07秒	接近开关	near	只上报	整数型	API ▼
[false] 09分07秒	行程开关	trip	只上报	整数型	API ▼

摄像头

名称	标识名	设备类型	IP/PORT	登录名/密码	操作
摄像头	camera	客流机	172.16.1.13:80	admin/admin	API

图 2-4-32　收集所有传感器数据显示界面

上线IP:192.168.0.12	上线时间	上报记录数	数据保密性 ❓	数据传输状态 ❓
获取失败可尝试刷新！	2023-01-30 23:58:21	3320		
www.nlecloud.com/device/624347	获取设备信息API	api.nlecloud.com/devices/624347		

执行器

	名称	标识名	传输类型	数据类型	操作
[false] 10分59秒	风扇	m_fan	上报和下发	整数型	API ▼ 关
[false] 10分59秒	警示灯	warning_lamp	上报和下发	整数型	API ▼ 关
[false] 10分59秒	照明灯	lamp	上报和下发	整数型	API ▼ 关
[false] 10分59秒	三色灯_红灯	lamp_red	上报和下发	整数型	API ▼ 关
[false] 10分59秒	三色灯_绿灯	lamp_green	上报和下发	整数型	API ▼ 关
[2] 10分59秒	电动推杆	electricputter	上报和下发	整数型	API ▼
[false] 10分59秒	三色灯_黄灯	lamp_yellow	上报和下发	整数型	API ▼ 关
[空值] 10分55秒	led	led_dd	上报和下发	字符型	API ▼ 发的内容
[空值] 10分55秒	双联继电器照明灯	s_lamp	上报和下发	浮点型	API ▼ 开
[空值] 10分55秒	双联继电器报警灯	warning_lamps	上报和下发	浮点型	API ▼ 开

图 2-4-33　收集所有执行器数据显示界面

项目 2　智慧商超项目设计与实施

4. 云平台自动控制策略配置

根据功能描述与具体要求，配置云平台的自动控制策略，超市入口光照度策略以及启用完成效果如图 2-4-34、图 2-4-35、图 2-4-36 所示。

图 2-4-34　超市入口光照度策略 1

图 2-4-35　超市入口光照度策略 2

图 2-4-36　超市入口光照度策略启用完成效果

物联网项目设计与实施

5. 云平台使用组态软件创建应用

在云平台上运用组态软件构建应用，实现实时呈现光照数值并绘制相应曲线，以分钟为间隔，展示最近 10 分钟内的光照数据变化。创建超市入口组态应用界面如图 2-4-37 所示，最近 10 分钟超市入口光照值状态如图 2-4-38 所示。

图 2-4-37　创建超市入口组态应用界面

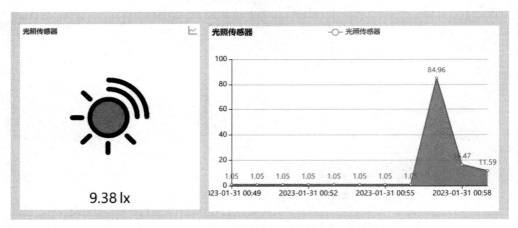

图 2-4-38　最近 10 分钟超市入口光照值的状态

6. 绘制照明灯自动化控制的流程图

使用 Visio 软件绘制超市入口照明灯自动化控制的流程图，如图 2-4-39 所示。

7. 组态软件中照明灯的亮灭操作

依据光照值策略调控照明灯的开启与关闭，同时，可通过单击照明灯图片实现对超市入口区域照明灯的操控。照明灯照片如图 2-4-40 所示。

项目 2　智慧商超项目设计与实施

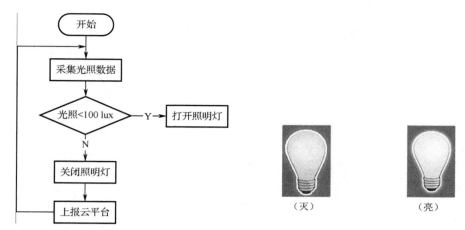

图 2-4-39　超市入口照明灯自动化控制的流程图　　图 2-4-40　照明灯照片

2.4.7　部署超市出口区域系统

1．功能描述与具体要求

超市出口主要完成结账处理，以及提示顾客外面天气的情况，要与入口分开，具体控制需求如下：

（1）完成自动结账。

（2）安装温湿度传感器，实时监测户外温湿度情况，并将温湿度数据实时显示在 LED 屏中，供顾客参考。

（3）在云平台上使用组态软件创建应用，应用名为"超市出口"，在应用中要求显示实时室外温湿度数值。

（4）应用中需要使用仪表盘组件展示实时室外温度与湿度，仪表盘设置为透明背景。

（5）使用 Visio 软件，绘制出口处超高频射频读取设备判断商品未结算触发自动警报逻辑的流程图。

2．超市出口区域设备安装

按照已绘制的"设备连接图"安装超市出口区域相关的网络设备。

3．云平台设备配置

按照云平台设备配置参数表（见表 2-4-13）完成云平台设备的配置。

表 2-4-13　云平台设备配置参数表

设备类型	设备名	名称	云平台标识
传感器	温湿度传感器	温度传感器	temperature
		湿度传感器	humidity
	UHF 射频读卡器	读卡器	l_po
执行器	LED 屏	LED	led_dd

云平台设备配置传感器界面参考图 2-4-41、图 2-4-42。

79

物联网项目设计与实施

图 2-4-41　云平台设备配置传感器界面参考 1

图 2-4-42　云平台设备配置执行器界面参考 2

4. 云平台应用开发

在云平台上进行应用开发的要求如下：

（1）使用云平台组态软件创建应用，将应用命名为"超市出口"，图 2-4-43 所示。

图 2-4-43　云平台组态组件创建"超市出口"应用

（2）应用可显示当前室外环境温湿度。界面设计要求布局合理美观，可参考图 2-4-44。

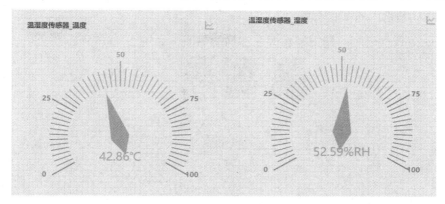

图 2-4-44　云平台应用显示温湿度

5. 绘制超市出口结账的流程图

使用 Visio 软件，绘制出口处超高频射频读取商品并进行结算的流程图。超市出口结账工作流程图如图 2-4-45 所示。

2.4.8　部署超市销售区域系统

1. 功能描述与具体要求

在超市销售区，主要出售食品、日用品等生活必需品，客流量较大将会导致空气流通受限。为了改善这一状况，可在销售区加装空调（可考虑使用风扇替代）以及警示灯和各类传感器。具体的控制需求如下：

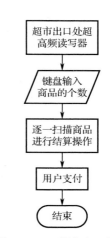

图 2-4-45　超市出口结账工作流程图

（1）运用 Axure 软件绘制"超市销售区"布局界面。需确保所用设备在界面布局中得以体现，同时保持界面布局的合理性与美观性。

（2）当环境温度超过 25 摄氏度或低于 17 摄氏度时自动开启空调（风扇），反之空调停止运行；当空气湿度超过 50%时自动开启空调，反之空调停止运行。

（3）当空气中二氧化碳浓度数值超过 15 时自动开启空调，反之空调停止运行。

（4）销售区域内照明灯处于常亮状态。

（5）为保证销售区域购物安全，需要实时监测该区域烟雾与火焰情况，当监测到烟雾或火焰信号时，超市内部警示灯亮起。

（6）将数据同步到云平台上，并在应用上实时显示相应的数据。

（7）在云平台上使用组态软件创建应用，应用名为"超市销售区"。根据 Axure 软件绘制的界面布局完成应用的创建。

（8）在应用中使用一张折线图展示温、湿度历史数据，以分钟为间隔，展示最近 10 分钟的光照值数据，要求照明灯的不同运行状态使用不同的图片显示，同时可以通过单击照明灯图片控制超市销售区域安装的照明灯亮起或熄灭。

（9）在云平台策略管理中添加策略，实现销售区感应温度、湿度、二氧化碳变化从而控制空调的运行或停止；添加策略实现通过销售区烟雾、火焰变化控制警示灯的运行与停止；

物联网项目设计与实施

添加策略实现超市销售区域照明灯常亮。

2. "超市销售区"布局的界面

使用 Axure 软件绘制"超市销售区"布局的界面，如图 2-4-46 所示。

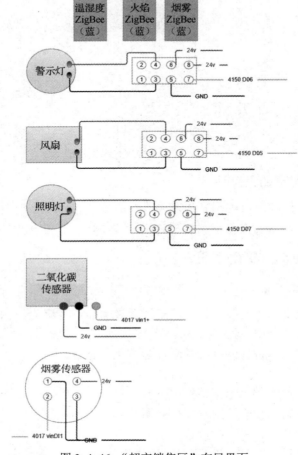

图 2-4-46 "超市销售区"布局界面

3. 超市销售区域设备安装

按照已绘制的"设备连接图"安装超市销售区域相关的网络设备。

4. 云平台设备配置

按照云平台设备配置参数表（见表 2-4-14）完成云平台设备的配置。

表 2-4-14 云平台设备配置参数表

设备类型	设备名	名称	云平台标识
传感器	温湿度传感器	ZigBee 温度	z_temp
		ZigBee 湿度	z_hum
	二氧化碳传感器	二氧化碳	f_co2
	烟雾传感器	烟雾传感器	m_smoke
	火焰传感器	ZigBee 火焰	z_fire

续表

设备类型	设备名	名称	云平台标识
执行器	风扇	风扇	m_fan
	警示灯	警示灯	warning_lamp
	照明灯	照明灯	lamp

云平台设备配置传感器界面参考如图 2-4-47、图 2-4-48 所示。

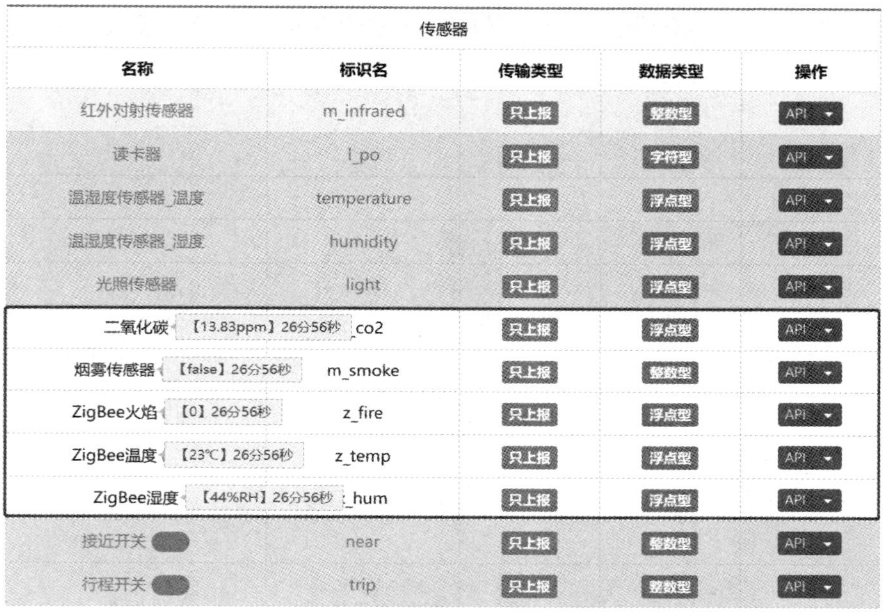

图 2-4-47　云平台设备配置传感器界面参考 1

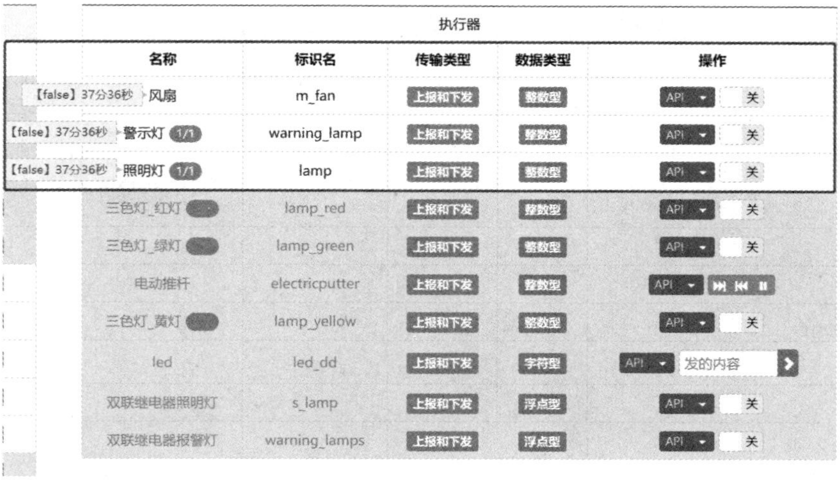

图 2-4-48　云平台设备配置执行器界面参考 2

5. 云平台自动控制策略配置

根据功能描述与具体要求，配置云平台的自动控制策略。

（1）三色灯与电动推杆的策略配置完成效果参考如图 2-4-49、图 2-4-50、图 2-4-51 所示。

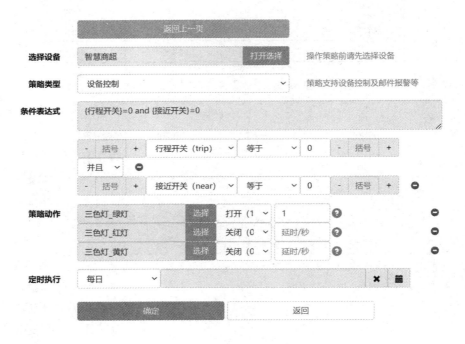

图 2-4-49　三色灯与电动推杆的策略配置完成效果参考 1

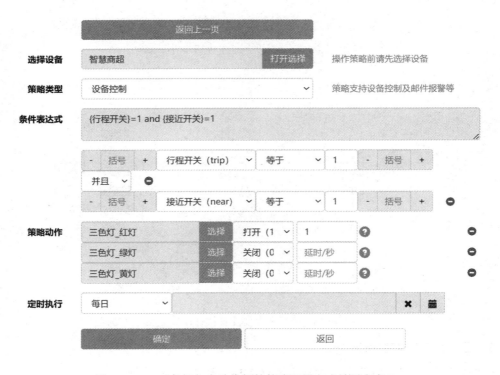

图 2-4-50　三色灯与电动推杆的策略配置完成效果参考 2

项目 2　智慧商超项目设计与实施

图 2-4-51　三色灯与电动推杆的策略配置完成效果参考 3

（2）温湿度、二氧化碳变化的自动控制策略开关配置完成效果参考如图 2-4-52、图 2-4-53 所示。

图 2-4-52　温湿度、二氧化碳的自动控制策略开配置完成效果参考

物联网项目设计与实施

图 2-4-53 温湿度、二氧化碳的自动控制策略关配置完成效果参考

烟雾和火焰的自动控制策略配置完成效果参考如图 2-4-54、图 2-4-55 所示。

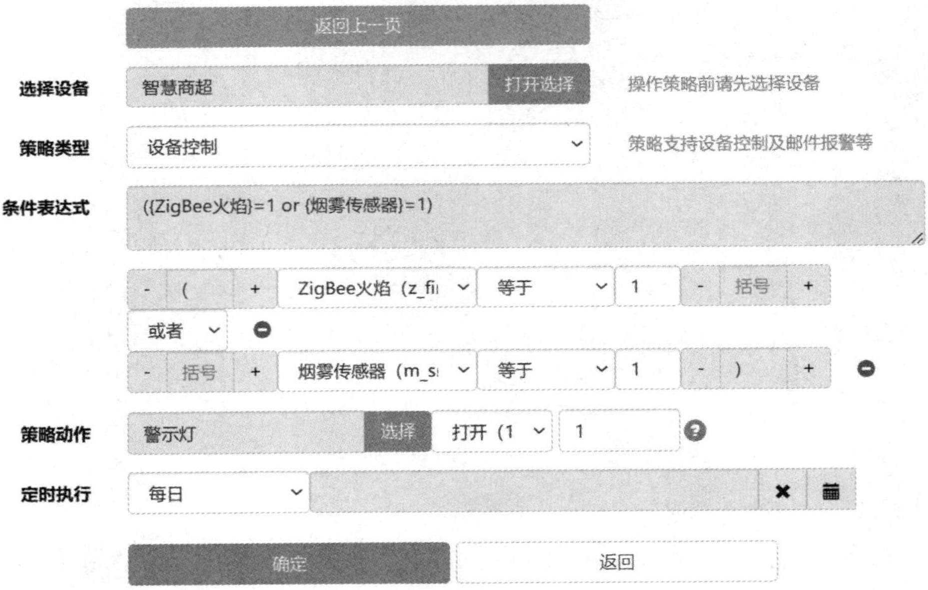

图 2-4-54 烟雾和火焰的自动控制策略配置完成效果参考 1

项目2 智慧商超项目设计与实施

图 2-4-55 烟雾和火焰的自动控制策略配置完成效果参考 2

照明灯常亮策略配置完成效果参考如图 2-4-56 所示。

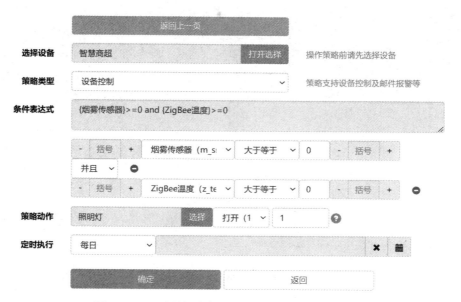

图 2-4-56 照明灯常亮策略配置完成效果参考

6. 云平台应用开发

在云平台上进行应用开发的要求如下：

（1）使用云平台组态软件创建应用，并将应用命名为"超市销售区"，如图 2-4-57 所示。

（2）应用通过折线统计图显示当前环境温湿度实时数据，以分钟为间隔，展示最近十分钟环境温湿度值数据。通过单击照明灯图片来控制超市销售区域照明灯的亮灭，如图 2-4-59 所示。要求界面布局合理美观，设计可参考图 2-4-57、图 2-4-58。

87

物联网项目设计与实施

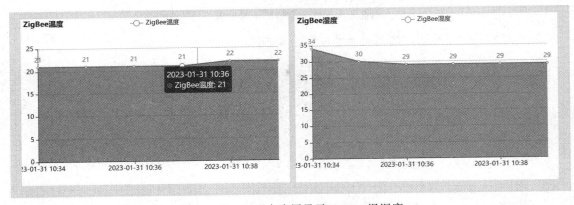

图 2-4-57 云平台组态组件创建"超市销售区"应用

图 2-4-58 云平台应用显示 ZigBee 温湿度

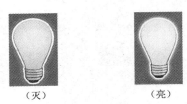

（灭）　　　　　　（亮）

图 2-4-59 照明灯照片

2.4.9 部署停车场出口区域系统

1. 功能描述与具体要求

为了改善停车体验，减少排放，对停车场进行智能改造。平时道闸（电动推杆全套）关闭，当允许车辆驶出时，道闸抬起，具体控制需求如下：

（1）道闸平时处于关闭状态（电动推杆伸出状态），位于道闸处的红灯（三色灯-红灯）亮起；当车辆允许驶出停车场时电动推杆后缩，道闸抬起，位于道闸处的绿灯（三色灯-绿灯）亮起。当道闸处于抬起或缩回的过程中，位于道闸处的黄灯（三色灯-黄灯）亮起。

（2）使用 Visio 软件绘制道闸抬起放下时与外部设备联动的逻辑流程图。

（3）在云平台上使用组态软件创建应用，应用名为"停车场出口"。应用中能够看到道闸和红、黄、绿灯状态，应用界面布局合理美观。

（4）在应用中使用图标绑定停车场出口区域安装的三色灯设备，使用不同图片分别表示绿灯、黄灯、红灯状态，图片需要使用透明背景。

2. 停车场出口区域感知系统设备安装

按照已绘制的"设备连接图"，安装停车场出口区域相关的网络设备。

3. 云平台设备配置

按照云平台设备配置参数表（见表2-4-15）完成云平台设备的配置。

表 2-4-15 云平台设备配置参数表

设备类型	设备名	名称	云平台标识
输入开关	接近开关	接近开关	near
	行程开关	行程开关	trip
执行器	三色灯	三色灯_红灯	Lamp_red
	三色灯	三色灯_绿灯	Lamp_green
	三色灯	三色灯_黄灯	Lamp_yellow
	电动推杆	电动推杆	electricputter

云平台设备配置传感器界面参考如图2-4-60、图2-4-61所示。

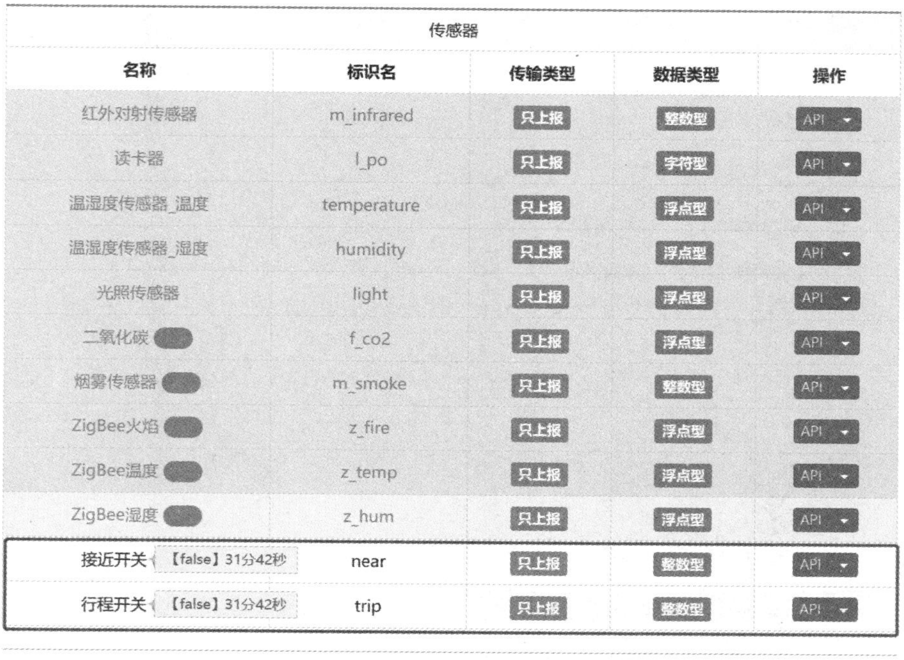

传感器					
名称	标识名	传输类型	数据类型	操作	
红外对射传感器	m_infrared	只上报	整数型	API	
读卡器	l_po	只上报	字符型	API	
温湿度传感器_温度	temperature	只上报	浮点型	API	
温湿度传感器_湿度	humidity	只上报	浮点型	API	
光照传感器	light	只上报	浮点型	API	
二氧化碳	f_co2	只上报	浮点型	API	
烟雾传感器	m_smoke	只上报	整数型	API	
ZigBee火焰	z_fire	只上报	浮点型	API	
ZigBee温度	z_temp	只上报	浮点型	API	
ZigBee湿度	z_hum	只上报	浮点型	API	
接近开关【false】31分42秒	near	只上报	整数型	API	
行程开关【false】31分42秒	trip	只上报	整数型	API	

图 2-4-60 云平台设备配置传感器界面参考 1

物联网项目设计与实施

执行器				
名称	标识名	传输类型	数据类型	操作
风扇	m_fan	上报和下发	整数型	API 关
警示灯	warning_lamp	上报和下发	整数型	API 关
照明灯	lamp	上报和下发	整数型	API 关
三色灯_红灯	lamp_red	上报和下发	整数型	API 关
三色灯_绿灯	lamp_green	上报和下发	整数型	API 开
电动推杆	electricputter	上报和下发	整数型	API
三色灯_黄灯	lamp_yellow	上报和下发	整数型	API 关
led	led_dd	上报和下发	字符型	API 发的内容
双联继电器照明灯	s_lamp	上报和下发	浮点型	API 关
双联继电器报警灯	warning_lamps	上报和下发	浮点型	API 关

图 2-4-61 云平台设备配置传感器界面参考 2

4. 云平台应用开发

在云平台上进行应用开发的要求如下：

（1）使用组态软件创建应用，将应用命名为"停车场出口"，如图 2-4-62 所示。

（2）应用中能够看到道闸和红、黄、绿灯状态，要求应用界面布局合理美观，停止场设备组件界面设计可参考图 2-4-63。

（3）在应用中使用图标绑定停车场出口区域安装的三色灯设备，使用不同图片分别表示绿灯、黄灯、红灯状态，如图 2-4-64、图 2-4-65、图 2-4-66 所示。

所属项目	智慧商超	
应用名称	停车场出口	最多支持输入15个字符！
应用标识	tingchechang_	只能是英文组合唯一标识，会以"http://app.nlecloud.com/xxxxxx.shtml"来访问应用
应用模板	○自行设计 ○基础案例 ○智能家居 ✓项目生成器	
分享设置	✓公开(任意游客可在浏览器中访问以上网址)	
应用简介		
应用徽标	[图标] 上传图片 修改默认徽标	

确定　　返回

图 2-4-62 创建"停车场出口"应用

项目2　智慧商超项目设计与实施

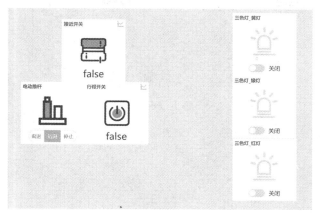

图 2-4-63　停车场设备组件

 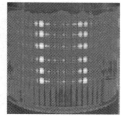

图 2-4-64　三色灯-黄灯　亮灭状态

 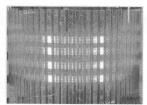

图 2-4-65　三色灯-绿灯　亮灭状态　　　　图 2-4-66　三色灯-红灯　亮灭状态

任务检查与评价

任务实施完成后，开展任务检查与评价，相关表格位于任务工单 2.4 中。请参照评分标准完成任务自查、组内互评，并将分数登记到网络学习平台中。

项目 3

智慧牧场项目设计与实施

扫一扫下载设计资料：项目 3 智慧牧场（LoRa 通用工程）

项目背景

扫一扫下载设计资料：项目 3 智慧牧场（LoRa 完整工程）

扫一扫下载设计资料：项目 3 智慧牧场（主程序）

　　智慧牧场就是运用现代物联网技术管理的牧场。随着生活水平的不断提升，人们对牧场产品、乳品的需求已由"量变"转为"质变"，这对牛羊等牲畜的养殖管理提出了更高的要求。传统农牧业多数是依靠人工经验管理，往往会出现资源利用率低下、人工耗费大、管理不完善等问题。

　　因此，可制定农牧业物联网解决方案，通过建设实时、动态的物联网信息采集系统，实现快速、多维、多尺度的信息实时监测与智能控制，突破以往数据采集困难与智能化程度低等技术发展瓶颈，从而实现农牧业精细化管理。图 3-0-1 展示了典型的智慧牧场的应用场景。

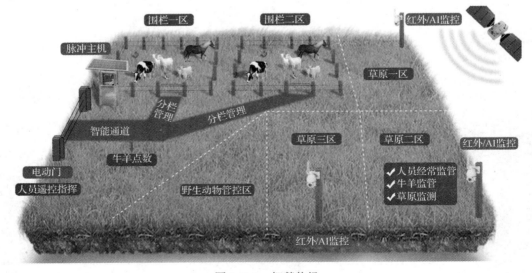

图 3-0-1　智慧牧场

项目3　智慧牧场项目设计与实施

某牧场需要借助物联网技术对其进行数字化、智能化改造，从而提升资源利用率、产量及质量，最终实现科学养殖。通过调研论证，需要建设的系统有以下几个：

（1）网络链路系统。
（2）圈养环境自动控制系统。
（3）仓储安防监控系统。
（4）牲畜活动监控系统。

本项目将带领读者从项目需求分析开始，逐步完成智慧牧场的开发实施。

学习目标

知识目标

（1）掌握物联网项目需求分析的定义、目的与内容。
（2）掌握总体方案设计的目的和主要内容。
（3）掌握系统详细设计的目的和主要内容。
（4）了解系统测试的内容和过程。

技能目标

（1）能梳理并编制物联网项目的功能列表。
（2）能绘制物联网项目的功能流程图。
（3）能设计物联网项目的总体方案。
（4）能开展感知层设计工作。
（5）能开展网络传输设计工作。
（6）能绘制设备安装规划图和设备连接图。

素质目标

（1）培养谦虚、好学、勤于思考、认真做事的良好习惯——具有严谨的开发流程和正确的编程思路。
（2）培养团队协作能力——学生之间相互沟通、互相帮助、共同学习、共同达到目标。
（3）提升自我展示能力——能够讲述、说明和回答问题。
（4）培养可持续发展能力——能够利用书籍或网络上的资料帮助解决实际问题。

任务3.1　项目需求分析

扫一扫看教学课件：任务3.1 项目需求分析

扫一扫看任务3.1 任务工单

任务描述与要求

任务描述

需要智能化升级的牧场外围有公路和河流环绕，牧场区域中包括圈养棚（给牲畜定点投喂饮水和草料）、储物仓、放养区（按牲畜种类建设围栏）。

牧场的经营方提出了以下智能化改造需求：

牲畜圈养棚需要加装环境自动控制系统，以实现对圈养棚内的温湿度、二氧化碳含量和噪音进行监测，相关数值可显示到LED显示屏上。同时，饲养员登录云平台，可远程查看圈养棚内相关传感器数据。另外，系统可实现对圈养环境的恒温恒湿自动控制。当环境

93

物联网项目设计与实施

温度过高时，系统自动开启排风扇降低温度；当空气湿度低于某个阈值时，系统自动开启加湿设备。

储物仓需要加装安防监控系统，以确保干草料等物资的仓储安全。系统需要监测明火、烟雾和外人闯入情况，当感应到有上述三种情况之一时，系统会触发报警灯。此外，仓库管理员可远程查看储物仓的各种监测数据。

放养区需要加装牲畜活动监控系统，当监测到牲畜跑出牧场围栏区，则应在仪表板中发出告警信息。此外牲畜圈养棚需要建设成恒温场所。

任务要求

（1）完成智慧牧场项目的需求分析。
（2）梳理功能列表、绘制功能流程图、编制功能需求表。

任务计划

请根据任务要求制订本任务的实施计划表并完善任务工单3.1，任务实施计划表见表3-1-1。

表 3-1-1　任务实施计划表

序号	任务内容	负责人

任务实施

3.1.1　梳理系统功能列表

根据客户需求，梳理系统的功能，填写系统功能列表（见表3-1-2）并完善任务工单3.1。

表 3-1-2　系统功能列表

功能类别	功能项	功能简述

3.1.2　绘制功能流程图

根据客户需求，绘制系统的功能流程图并完善任务工单3.1。

任务检查与评价

任务实施完成后，开展任务检查与评价，相关表格位于任务工单 3.1 中。请参照评分标准完成任务自查、组内互评，并将分数登记到网络学习平台中。

项目 3　智慧牧场项目设计与实施

任务 3.2　系统方案设计

扫一扫看教学课件：任务 3.2 系统方案设计

扫一扫看任务 3.2 任务工单

任务描述与要求

任务描述

通过完成需求分析阶段的工作，我们已明确了智慧牧场项目的具体需求。本任务要求根据需求文档对项目进行详细的规划，从而完成系统方案的设计。

任务要求

（1）完成子系统划分。
（2）完成系统网络拓扑设计。
（3）编制感知层设备清单、完成感知层设备选型。
（4）完成网络传输设计。

任务计划

请根据任务要求制订本任务的实施计划表并完善任务工单 3.2，任务实施计划表见表 3-2-1。

表 3-2-1　任务实施计划表

序号	任务内容	负责人

任务实施

3.2.1　设计整体方案

1. 子系统划分

划分子系统，填写系统功能模块表（见表 3-2-2）并完善任务工单 3.2。

表 3-2-2　系统功能模块表

序号	子系统名称	功能简述

物联网项目设计与实施

2. 系统网络拓扑设计

根据客户需求，绘制系统的网络拓扑图并完善任务工单 3.2。

3.2.2 设计感知层方案

1. 编制感知层设备清单

根据系统前端数据采集的需求，编制感知层设备清单（见表 3-2-3）并完善任务工单 3.2。

表 3-2-3　感知层设备清单

功能模块	设备名称	设备数量	安装位置

2. 感知层设备选型

综合考虑技术先进、价格合理、生产适用等原则，编制感知层设备选型表（见表 3-2-4）并完善任务工单 3.2。

表 3-2-4　感知层设备选型表

序号	设备名称	设备图样	主要设备参数

3.2.3 设计网络传输方案

1. 选取传输技术

根据应用场景，为了保障信息传输的可靠性，请为系统选取合适的传输技术，填写系统传输技术选型（见表 3-2-5）并完善任务工单 3.2。

表 3-2-5　系统传输技术选型表

应用子系统	传输技术	选型理由

2. 编制网络层设备清单

根据网络传输的需求，编制网络层设备清单（见表 3-2-6）并完善任务工单 3.2。

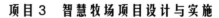

项目 3　智慧牧场项目设计与实施

表 3-2-6　网络层设备清单

设备名称	设备数量	安装位置

3. 网络层设备选型

综合考虑技术先进、价格合理、生产适用的原则，编制网络层设备选型表（见表 3-2-7）并完善任务工单 3.2。

表 3-2-7　网络层设备选型表

序号	设备名称	设备图样	主要设备参数

任务检查与评价

任务实施完成后，开展任务检查与评价，相关表格位于任务工单 3.2 中。请参照评分标准完成任务自查、组内互评，并将分数登记到网络学习平台中。

任务 3.3　系统应用开发

任务描述与要求

任务描述

牧场放养区占地 1.6 平方公里，牲畜在活动时可能会越过放养区围栏，给周边交通造成困扰并给牧民造成损失。本任务要求完成智慧牧场项目的应用开发，为管理系统增加牲畜实时定位功能。另外，牧场内设置圈养棚为牲畜提供饮水和草料，现要求为圈养棚新增环境控制功能。

任务要求

牲畜实时定位功能开发的任务要求如下：

（1）为实现牲畜实时定位功能选择合适的通信技术。

（2）牲畜身上绑定监测端，牧场管理中心安装控制端。

（3）监测端每隔 3 秒监测牲畜的定位信息（运用程序产生随机数值实现，经度范围。42.0～45.0，纬度范围：115.0～118.0），将其显示在屏幕上，同时通过无线通信方式发送到控制端。

（4）定义牲畜位置经度大于 43.64 为异常，纬度大于 116.00 为异常，其余情况为正常。

97

物联网项目设计与实施

（5）控制端安装 RGB 彩灯作为报警灯，当控制端收到的【经度异常纬度正常】信息时，亮红灯报警；【经度正常纬度异常】信息时亮绿灯报警；【经度纬度均异常】信息时亮黄灯报警；【经度纬度均正常】时 RGB 灯全灭。

（6）控制端上显示当前灯颜色的 RGB 值，如红色灯亮对应 RGB 值为[255, 0, 0]，当有报警信息时，屏幕上显示[Warn: On]，反之显示[Warn: Off]。

圈养棚环境控制功能开发的任务要求如下：

（1）圈养棚内安装光照、温湿度两个感知节点用于环境信息的采集，汇聚节点安装风扇与照明灯，感知节点与汇聚节点之间的数据传输采用无线通信技术。

（2）现需要为汇聚节点开发 Android 程序，程序启动后每隔 5 秒读取圈养棚内环境光照和温湿度数据，显示在程序界面上。

（3）当光照值低于设定的阈值（用户可自定义）时，开启照明灯，反之熄灭照明灯；当温度高于设定的阈值（用户可自定义）时，开启风扇，反之关闭风扇；任意一个阈值为空均无法启动程序，界面提示"请输入阈值"。

（4）需要设计风扇和照明灯的开闭动画，借助串口服务器获取数据，模式为 TCP。

知识储备

3.3.1 认识低功耗广域技术

低功耗广域技术（Low Power Wide Area，简称 LPWA）可使用较低功耗实现远距离的无线信号传输。与常见的低功耗蓝牙（BLE）、ZigBee 和 Wi-Fi 等技术相比，LPWA 技术的传输距离更远，一般在公里级；其链接预算（link budget）可达 160 dBm，而 BLE 和 ZigBee 等一般在 100 dBm 以下。和传统的蜂窝网络技术（2G、3G）相比，LPWA 的功耗更低，电池供电设备使用寿命可达数年。

低功耗广域网络（Low Power Wide Area Network，简称 LPWAN）即是使用 LPWA 技术搭建的无线通信网络。LPWAN 相比其余广域网络的覆盖范围广、终端节点功耗低、网络结构简单、运营维护成本低。

目前主流的 LPWA 技术有两大阵营：

一类工作在 Sub-GHz 非授权频段，如 LoRa、SigFox 等。LoRa 技术标准由美国 Semtech 公司研究提出，并在全球范围内成立了广泛的 LoRa 联盟。SigFox 技术标准由法国的 SigFox 公司研究提出，由于其使用的频段与中国的频谱资源冲突，所以暂时未在中国得到应用。

另一类工作在授权频段，如 NB-IoT、eMTC 等。eMTC 的全称是"LTE enhanced MTO"，是基于 LTE 技术演进的物联网技术。为了更加适合物与物之间的通信，也为了降低成本，eMTC 对 LTE 协议进行了裁剪和优化。eMTC 基于蜂窝网络进行部署，最大支持上下行 1 Mbps 的峰值速率，可以支持丰富、创新的物联应用。

LoRa（Long Range Radio，远距离无线电）是一种基于扩频技术的远距离无线传输技术，是众多 LPWA 技术中的一种，最早由美国 Semtech 公司创建并推广。LoRa 最大的特点是，在同样的功耗条件下比其他无线方式传播的距离更远（扩大 3~5 倍），实现了低功耗和远距离传输的统一。目前，LoRa 主要在 ISM（Industrial Scientific Medical，工业科学医疗）免费频段运行，主要包括 433 MHz、868 MHz 和 915 MHz 等。

3.3.2 认识 LoRa 通信模块电路板

项目的应用场景为牧场,覆盖面较广,因此可选择使用低功耗广域技术——LoRa 作为系统的无线通信解决方案。图 3-3-1 是一个基于 LoRa 技术模组设计而成的模块电路板。

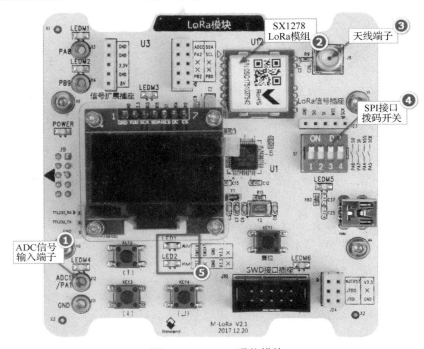

图 3-3-1 LoRa 通信模块

接下来对图 3-3-1 中的主要板载硬件资源进行介绍。

(1)标号①:ADC 信号输入端子,用于连接外部输出"模拟量"信号的传感器。

(2)标号②:基于 Semtech SX1278 芯片的 LoRa 模组。

(3)标号③:LoRa 模组的天线端子。

(4)标号④:LoRa 模组的 SPI 接口拨码开关,一般将"1234"都向上拨,使 LoRa 模组与 STM32 微控制器的 SPI 接口相连。

(5)标号⑤:LED1 和 LED2 指示灯,用于程序运行状态的指示,分别连接"PA3"和"PB8"GPIO 引脚。

3.3.3 如何生成指定范围及小数点位数的随机浮点数

通常可编写一个随机数生成函数来生成随机数,如果需要生成保留小数点后两位的浮点数,则可将数字放大 100 倍后进行运算,返回值时再将其除以 100.0 即可。参考代码如下:

```
1.  float random_float(int left, int right)
2.  {
3.      int f = rand() % (right * 100 - left * 100 - 1) + left * 100;
4.      return f / 100.0;
5.  }
```

3.3.4 如何通过 LoRa 通信技术发送浮点数

LoRa 发送函数的原型如下：

```
1.  /**
2.   * @param *buffer: 发送的数组
3.   * @param size: 数组大小
4.   */
5.  void Send(uint8_t *buffer, uint8_t size);
```

需要发送的数据存放于 buffer[] 数组中，其数据类型为 8 位无符号整型。浮点数在机器的视角也是以二进制形式存放的，下面提供一种使用 C 语言提供的联合体来轻松实现浮点数与 8 位无符号整型数之间的转换。

```
1.  typedef union
2.  {
3.      struct
4.      {
5.          float latitude;
6.          float longitude;
7.      } gps;
8.      uint8_t buf[8];
9.  } GpsDataDef;
```

此处定义了一个名为"GpsDataDef"的联合体，由结构体"gps"与 8 位无符号整型数组 buf[8]构成，联合体占用的内存空间为 8 字节。

使用时可用浮点数对"latitude"与"longitude"成员进行赋值，然后发送 buf[8]数组即可。

任务计划

请根据任务要求制订本任务的实施计划表并完善任务工单 3.3，任务实施计划表见表 3-3-1。

表 3-3-1 任务实施计划表

序号	任务内容	负责人

任务实施

3.3.5 设计感知层系统

1. 编制感知层设备清单

根据系统前端数据采集的需求，编制感知层设备清单（见表 3-3-2）并完善任务工单 3.3。

 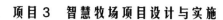

项目3 智慧牧场项目设计与实施

表 3-3-2 感知层设备清单

子系统名称	设备名称	设备数量	安装位置

2. 感知层设备选型

综合考虑技术先进、价格合理、生产适用的原则，编制感知层设备选型表（见表3-3-3）并完善任务工单3.3。

表 3-3-3 感知层设备选型表

序号	设备名称	设备图样	主要设备参数

3.3.6 设计网络传输系统

1. 选取传输技术

根据应用场景，为了保障信息传输的可靠性，请为系统选取合适的传输技术（见表3-3-4）并完善任务工单3.3。

表 3-3-4 系统传输技术选型表

应用子系统	传输技术	选型理由

2. 编制网络层设备清单

根据网络传输的需求，编制网络层设备清单（见表3-3-5）并完善任务工单3.3。

表 3-3-5 网络层设备清单

设备名称	设备数量	安装位置

101

物联网项目设计与实施

3. 网络层设备选型

综合考虑技术先进、价格合理、生产适用的原则，编制网络层设备选型表（见表3-3-6）并完善任务工单3.3。

表 3-3-6　网络层设备选型表

序号	设备名称	设备图样	主要设备参数

3.3.7　安装智慧牧场设备

绘制应用开发所需设备的"设备连接图"，按照"设备连接图"安装相关设备。智慧牧场项目的设备连接参考图如图3-3-2所示。

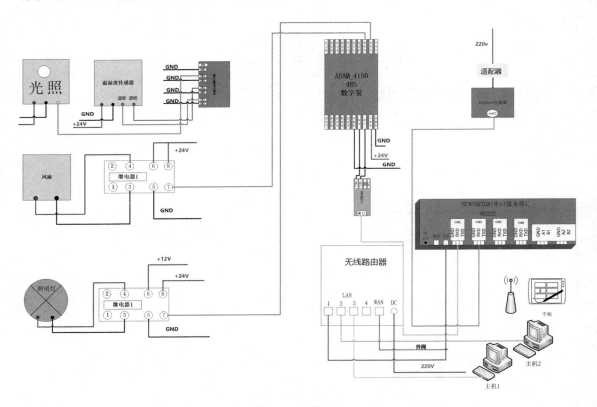

图 3-3-2　智慧牧场项目设备连接参考图

3.3.8　开发牲畜实时定位功能

1. 绘制监测端与控制端的程序流程图

分别绘制牲畜实时定位监测端与控制端的程序流程图，并完善任务工单3.3。

项目 3　智慧牧场项目设计与实施

2. 监测端程序开发

建立两份"LoRa 通用工程"的副本，其中一份命名为"monitor_node"，另一份命名为"control_node"。

打开"monitor_node"工程，在"main.c"中编写实时定位监测端代码。

扫一扫看参考代码：实时定位监测端

3. 控制端程序开发

打开"control_node"工程，在"main.c"中编写实时定位控制端代码。

扫一扫看参考代码：实时定位控制端

3.3.9　开发圈养棚环境控制功能

1. 界面开发

圈养棚环境控制 App 界面如图 3-3-3 所示。

扫一扫看参考代码：环境控制界面设计

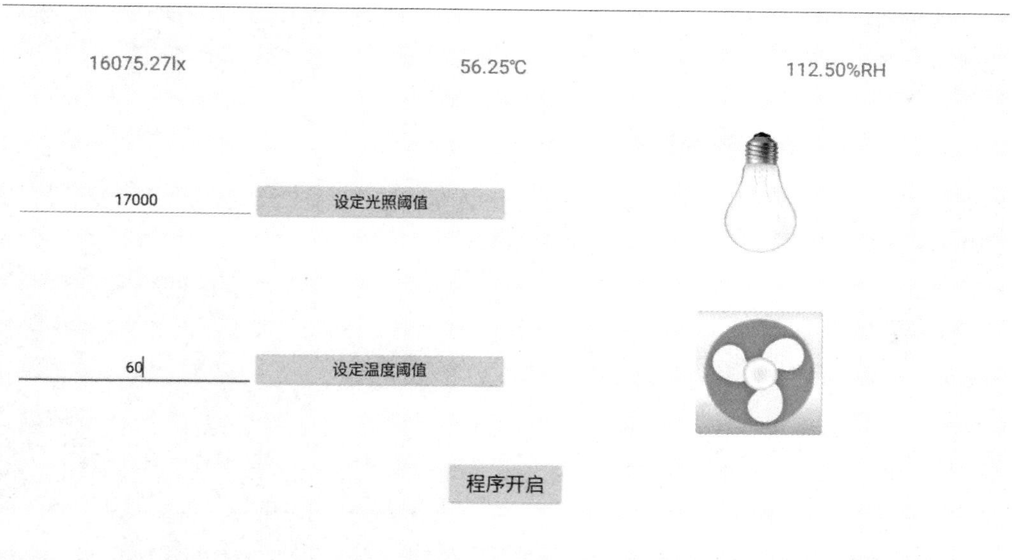

图 3-3-3　圈养棚环境控制 App 界面

2. 编写代码

在"MainActivity.java"中，编写圈养棚环境控制程序代码。

扫一扫看参考代码：环境控制程序

3. 添加网络权限

运行程序时，需要给予程序访问网络的权限，否则无法成功地获取网络数据。需要在"AndroidManifest.xml"的第 4 行添加下列代码：

```
1.    <uses-permission android:name="android.permission.INTERNET"/>
```

任务检查与评价

任务实施完成后，开展任务检查与评价，相关表格位于任务工单 3.3 中。请参照评分标准完成任务自查、组内互评，并将分数登记到网络学习平台中。

103

任务 3.4　系统集成部署

任务描述与要求

任务描述

智慧牧场项目经过需求分析与方案设计流程后，可进入项目实施阶段。本任务要求根据系统方案进行项目的实施。

任务要求

（1）完成项目的设备安装规划图、设备连接图等图表的绘制。
（2）完成网络链路系统的安装与调试。
（3）完成各系统感知层设备的安装与调试。
（4）完成各系统云平台应用的部署。
（5）完成智慧牧场项目的系统测试。

知识储备

3.4.1　绘制设备安装规划图

在开展设备安装工作前，应根据客户需求和实际部署环境来绘制各设备的安装规划图。智慧牧场设备安装规划图如图 3-4-1 所示。

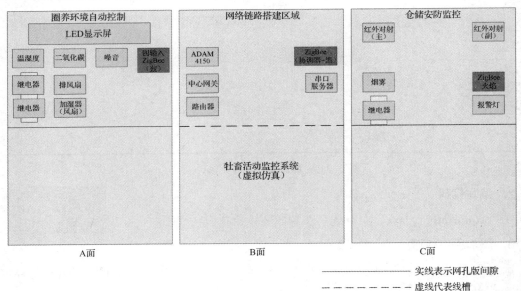

图 3-4-1　智慧牧场设备安装规划图

3.4.2　绘制设备连接图

设备连接图提供了各设备在物联网系统中连接方式的可视化表示，因此在进行物联网项目设备安装前需要绘制设备连接图，它有助于确保设备连接正确，从而有效地进行通信。智慧牧场设备连接图如图 3-4-2 所示。

项目3 智慧牧场项目设计与实施

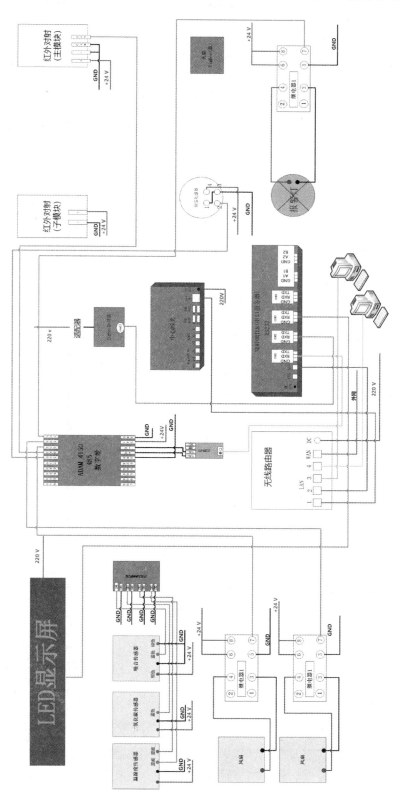

图3-4-2 智慧牧场设备连接图

物联网项目设计与实施

任务计划

请根据任务要求制订本任务的实施计划表并完善任务工单 3.4，任务实施计划表模板见表 3-4-1。

表 3-4-1 任务实施计划表

序号	任务内容	负责人

任务实施

3.4.3 绘制设备区域布局图

智慧牧场项目设备区域布局图如图 3-4-3 所示。

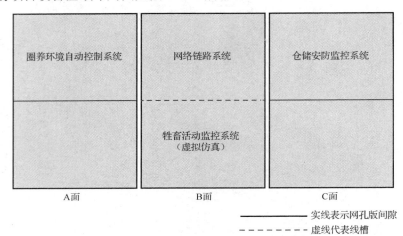

图 3-4-3 智慧牧场项目设备区域布局图

现要求结合任务 2 形成的感知层设备清单与网络层设备清单规划各设备的具体安装位置，在任务工单 3.4 中绘制设备安装规划图，可参考图 3-4-1。

3.4.4 绘制设备连接图

根据设备安装规划图，利用 Visio 软件，在任务工单 3.4 中绘制设备连接图。

3.4.5 部署网络链路系统

1. 功能描述与具体要求

在安装部署各信息系统前需要先在管理中心内部署网络链路系统。管理中心是智慧牧场的控制中心，它为各个信息系统提供了网络链路支撑。

网络链路系统部署的具体需求如下：

项目3 智慧牧场项目设计与实施

（1）根据"设备安装规划图"，在网络链路系统区域安装相应的网络设备。
（2）配置无线路由器。
（3）配置串口服务器。
（4）配置物联网中心网关。
（5）配置 ZigBee 协调器与节点。
（6）为各个网络设备配置 IP 地址。

2. 网络链路系统设备安装

按照已绘制的"设备连接图"安装网络链路系统相关的网络设备。

3. 配置路由器

根据表 3-4-2 路由器配置表进行路由器的配置。
请注意将配置内容中的"工位号"字符替换为实际的工位号数字，如 01、02、10 等。

表 3-4-2 路由器配置表

网络配置项	配置内容
网络设置	
WAN 口连接类型	自动获得 IP 地址
无线设置	
无线网络名称（SSID）	IOT 工位号
无线密码	任意设定
局域网设置	
LAN 口 IP 设置	手动
IP 地址	172.16.工位号.1
子网掩码	255.255.255.0

4. 配置串口服务器

根据表 3-4-3 串口服务器配置表进行串口服务器的配置。

表 3-4-3 串口服务器配置表

设备	连接端口	端口号及波特率
RS-485 设备（数字量）	COM1	6001，9 600
ZigBee 协调器	COM2	6002，38 400
LED 显示屏	COM3	6003，9 600

串口服务器的配置结果如图 3-4-4 所示。

5. 配置 ZigBee 协调器与节点

1）烧写 ZigBee 模块

使用 ZigBee 模块前，需要对其进行"程序烧写"操作，ZigBee 程序烧写如图 3-4-5 所示。

物联网项目设计与实施

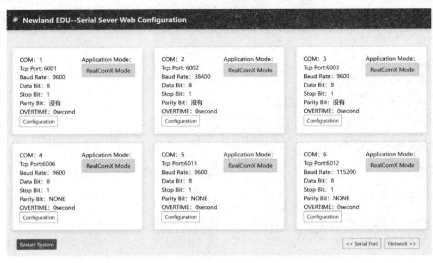

图 3-4-4　串口服务器配置结果

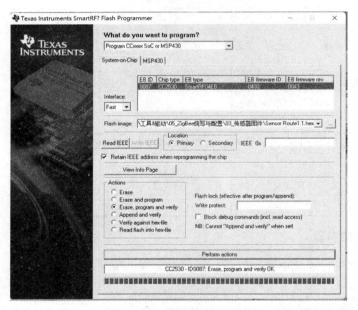

图 3-4-5　ZigBee 程序烧写

2）配置 ZigBee 模块

根据表 3-4-4 ZigBee 模块配置表进行 ZigBee 协调器与节点的配置。

表 3-4-4　ZigBee 模块配置表

设备	参数类型	值
所有的 ZigBee 模块	网络号（PanID）	12××
	信道号（Channel）	11～26
	序列号	自行设定

注：为避免信道冲突，"网络号"请自行设定唯一的参数值。请将"××"替换为工位号，如"01""03""10"等。

108

项目 3　智慧牧场项目设计与实施

具体 ZigBee 组网参数配置如图 3-4-6 所示。

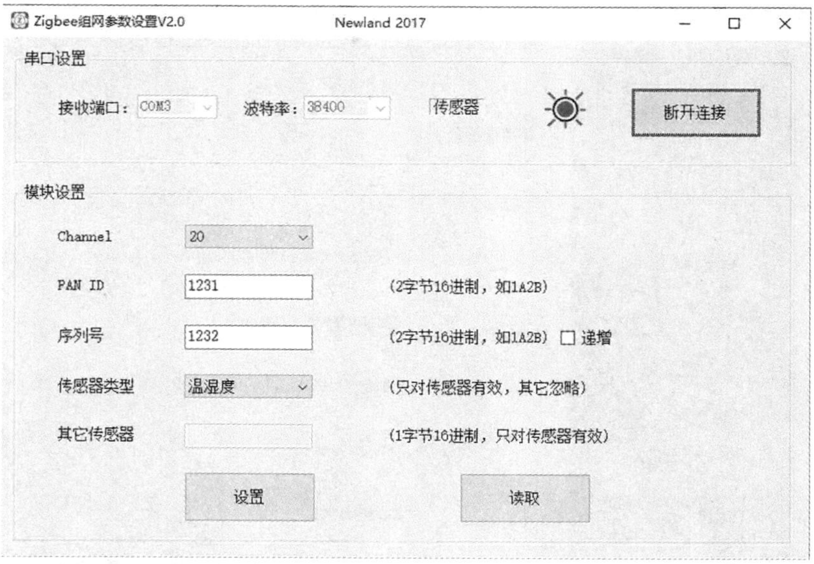

图 3-4-6　ZigBee 组网参数配置

6. 配置物联网中心网关

1）配置 Docker 库地址

物联网中心网关需要先配置 Docker 库地址，可参考项目 1 相应的操作。如果在前面的项目中已完成此项操作，则可跳过此步骤。

2）新增 4150 连接器

新增 4150 连接器的配置如图 3-4-7 所示。

图 3-4-7　新增 4150 连接器配置

3）新增 ZigBee 协调器连接器

新增 ZigBee 协调器连接器的配置如图 3-4-8 所示。

图 3-4-8　新增 ZigBee 协调器连接器配置

4）新增 LED 显示屏连接器

新增 LED 显示屏连接器的配置如图 3-4-9 所示。

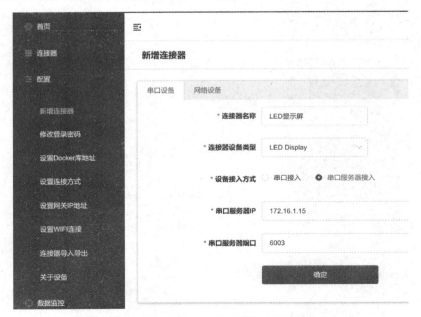

图 3-4-9　新增 LED 显示屏连接器配置

5）新增 4150 设备

为 4150 连接器新增 4150 设备的配置如图 3-4-10 所示。

项目 3　智慧牧场项目设计与实施

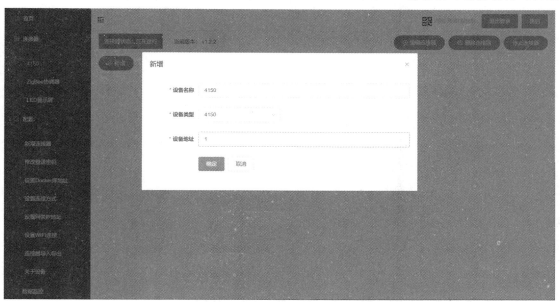

图 3-4-10　为 4150 连接器新增 4150 设备配置

4150 设备下新增排风扇执行器配置如图 3-4-11 所示。

图 3-4-11　4150 设备下新增排风扇执行器配置

根据表 3-4-5 传感器执行器配置表完成 4150 连接的传感器和执行器的配置。

表 3-4-5　传感器执行器配置表

序号	设备名称	标识	类型	通道号
1	红外对射传感器	m_infrared	红外对射	DI0
2	烟雾传感器	m_smoke	烟雾	DI1
3	排风扇	f_fan	风扇	DO0
4	加湿器	f_Humidifier	风扇	DO1
5	报警灯	m_alarm	警示灯	DO2

配置好的 4150 设备数据监控界面可如图 3-4-12 所示。

图 3-4-12　4150 设备数据监控界面

6）新增 LED 显示屏

LED 显示屏连接器中新增 LED 显示屏的配置如图 3-4-13 所示。

图 3-4-13　LED 显示屏连接器中新增 LED 显示屏配置

LED 显示屏配置信息见表 3-4-6。

表 3-4-6　LED 显示屏配置信息

设备名称	标识	序列号（16 进制）	传感器类型
LED	Led_dd	1	Led

项目 3 智慧牧场项目设计与实施

LED 显示屏的数据监控界面如图 3-4-14 所示。

图 3-4-14　LED 显示屏数据监控界面

7）新增 ZigBee 协调器设备

根据表 3-4-7 进行 ZigBee 协调器连接的传感器和执行器配置。

表 3-4-7　ZigBee 协调器连接的传感器执行器配置信息表

序号	传感名称	标识名称	序列号（十六进制）	传感类型	通道号	四输入传感器类型
1	四输入湿度	f_hum	1237	四输入传感器	第一通道	湿度
2	四输入温度	f_temp	1237	四输入传感器	第二通道	温度
3	四输入二氧化碳	f_co2	1237	四输入传感器	第三通道	二氧化碳
4	四输入噪音	f_noise	1237	四输入传感器	第四通过	噪音
5	ZigBee 火焰传感器	Z_fire	1234	火焰	无	无

为 ZigBee 协调器新增 ZigBee 执行器和传感器如图 3-4-15 所示。

图 3-4-15　为 ZigBee 协调器新增 ZigBee 执行器和传感器

ZigBee 协调器数据监控界面如图 3-4-16 所示。

图 3-4-16　ZigBee 协调器数据监控界面

7. 配置各网络设备的 IP 地址

根据表 3-4-8 设备 IP 地址表给出的信息进行各个网络设备的 IP 地址配置，配置过程可参考项目 1 中相关的步骤。

表 3-4-8　设备 IP 地址表

设备名称	配置内容	备注
服务器	IP 地址：172.16.工位号.11 首选 DNS：8.8.8.8	
工作站	IP 地址：172.16.工位号.12 首选 DNS：8.8.8.8	
串口服务器	IP 地址：172.16.工位号.13	
中心网关	IP 地址：172.16.工位号.15	用户名：newland 密　码：newland

3.4.6　部署圈养环境自动控制系统

1. 功能描述与具体要求

圈养棚环境好坏对牲畜是否健康成长起关键作用，为了实现对牲畜圈养棚环境信息的智能监控，需要为其安装环境自动控制系统，具体要求如下：

（1）当环境温度高于 28 ℃时，LED 显示屏显示温度过高。

（2）当环境湿度高于 60%RH 时，LED 显示屏显示湿度过高。

（3）饲养员登录云平台，可远程查看圈养棚内环境信息。

（4）当环境温度高于 28 ℃，系统自动开启排风扇；当环境温度低于 26 ℃时，系统自动关闭排风扇。

项目3 智慧牧场项目设计与实施

（5）当环境湿度低于30%时，系统自动开启加湿设备；当环境湿度高于60%时，系统自动关闭加湿设备。

2. 圈养环境自动控制系统设备安装

根据智慧牧场项目的"设备连接图"，安装圈养环境自动控制系统相关设备。

3. 云平台设备配置

登录云平台，参考图 3-4-17 新建智慧牧场项目。

图 3-4-17 新建智慧牧场项目

为云平台添加网关设备如图 3-4-18 所示。

图 3-4-18 云平台添加网关设备

115

物联网项目设计与实施

由于已对物联网中心网关进行设备添加相关的配置,网关上线后,用户单击【TCP 数据流获取】按钮即可自动适配相应的设备。圈养环境自动控制系统设备界面可参考图 3-4-19 中方框的内容。

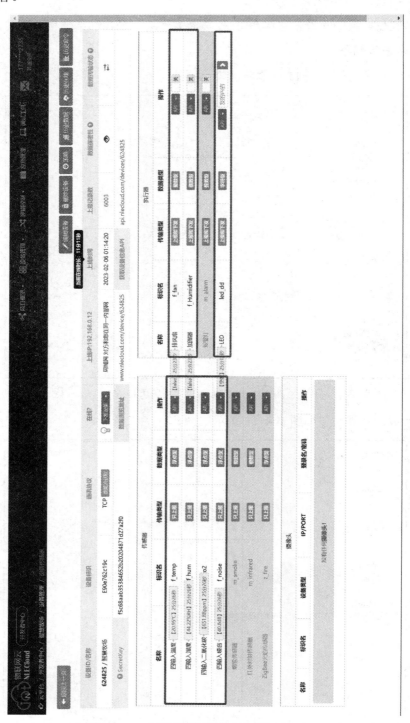

图 3-4-19　圈养环境自动控制系统设备界面

项目3 智慧牧场项目设计与实施

4. 云平台自动控制策略配置

根据功能描述与具体要求，配置云平台的排风扇和加湿器等自动控制策略，完成效果如图 3-4-20、图 3-4-21、图 3-4-22 和图 3-4-23 所示。

图 3-4-20　自动打开排风扇策略配置

图 3-4-21　自动关闭排风扇策略配置

图 3-4-22　自动打开加湿器策略配置

117

物联网项目设计与实施

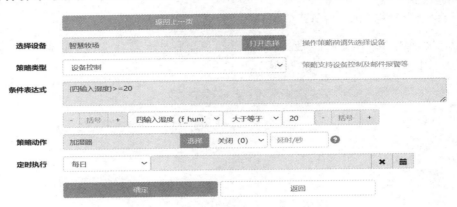

图 3-4-23　自动关闭加湿器策略配置

5. 绘制圈养棚环境自动化控制的流程图

使用 Visio 软件绘制圈养棚环境自动化控制的流程图，如图 3-4-24 所示。

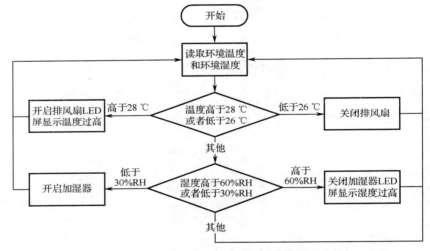

图 3-4-24　圈养棚环境自动化控制的流程图

6. 云平台应用开发

在云平台上进行应用开发的步骤如下：

（1）使用组态软件创建应用，并将应用命名为"圈养环境自动控制"，如图 3-4-25 所示。

（2）应用可显示温度、湿度、二氧化碳、噪音的实时数值，并可通过动态曲线进行展示。曲线以分钟为间隔，展示最近 10 分钟的数据，要求界面布局合理美观，如图 3-4-26 所示。

3.4.7　部署仓储安防监控系统

1. 功能描述与具体要求

为了确保干草料等物资的安全仓储，储物仓需要加装安防监控系统，具体控制需求如下：

（1）监测明火、烟雾、外人闯入情况，当感应到上述三种情况之一时，系统自动触发报警灯。

（2）仓库管理员登录云平台，可远程查看储物仓的实时监测状况。

项目3 智慧牧场项目设计与实施

图 3-4-25 创建圈养环境自动控制应用

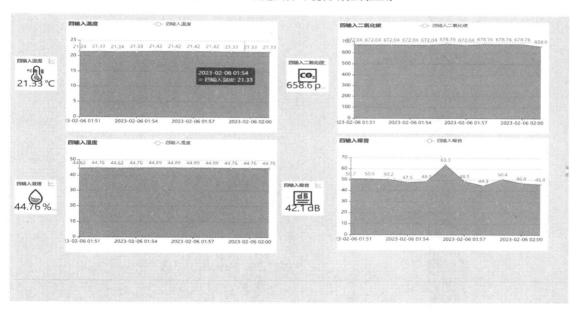

图 3-4-26 圈养棚内近十分钟传感器数值

2. 仓储安防监控系统设备安装

根据"设备连接图"完成仓储安防监控系统的设备安装。

3. 云平台设备配置

由于已对物联网中心网关进行设备添加相关的配置，网关上线后，用户单击【TCP 数据流获取】按钮即可自动适配相应的设备。云平台设备配置参考界面可参考图 3-4-27 中方框内的内容。

119

物联网项目设计与实施

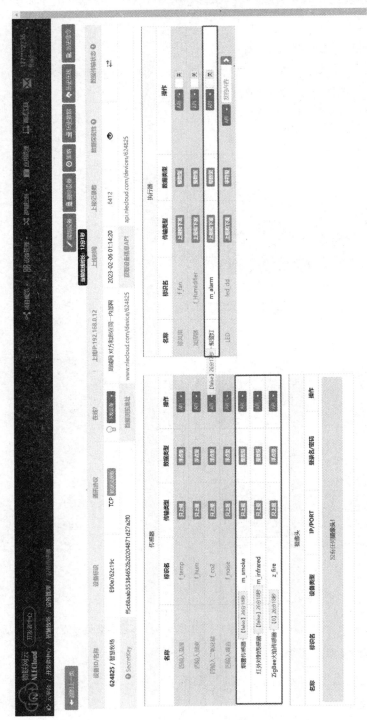

图 3-4-27　云平台设备配置界面参考

4. 云平台自动控制策略配置

根据功能描述与具体要求，配置云平台的报警灯自动控制策略。完成效果如图 3-4-28、图 3-4-29 所示。

120

项目3 智慧牧场项目设计与实施

图 3-4-28 自动开启报警灯策略配置

图 3-4-29 自动关闭报警灯策略配置

5. 绘制仓储安防监控系统流程图

仓储安防监控系统工作流程图如图 3-4-30 所示。

6. 云平台应用开发

在云平台上进行应用开发的步骤如下：

（1）使用组态软件创建应用，并将应用命名为"仓储安防监控系统"，如图 3-4-31 所示。

（2）应用可显示当前储物仓的监测实

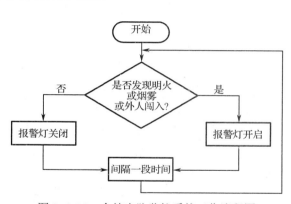

图 3-4-30 仓储安防监控系统工作流程图

121

时状况。要求界面布局合理美观，如图 3-4-32 所示。

图 3-4-31 创建仓储安防监控系统

3.4.8 部署牲畜活动监控系统

1. 功能描述与具体要求

牧场放养区的牲畜有时会跑出围栏区，给周围的交通造成困扰。因此需要加装牲畜活动监控系统，当监测到牲畜跑出牧场围栏区时，则在仪表板中发出告警信息。同时，系统可监测牲畜圈养棚的环境信息，排风扇等设施可与环境信息联动控制。

为了实现上述功能，经需求分析后梳理出具体的控制需求如下：

（1）建立一个可以看到牧场各区域的整体布局情况的仪表板（下称主看板）。

（2）在主看板的电子地图上可监测所有牲畜的位置（本任务以 2 头奶牛为例），可以看到圈养棚的位置。

（3）当牲畜跑出围栏区时，系统可发出告警信息并在主看板上显示。

图 3-4-32 显示当前储物仓的监测实时状况

（4）单击主看板电子地图上的圈养棚图标可进入圈养棚内的仪表板界面（下称子看板）。

（5）子看板使用仪表盘组件展示采集到的环境温湿度数据，使用按钮组件控制圈养棚的排气扇和加湿器。

（6）当监测到圈养棚内温度值过高时，自动开启排气扇降温，温度值恢复后，自动关闭排气扇。

2. 配置 ThingsBoard 平台

1）创建资产

登录新大陆 AIoT 平台。

进入实训任务，打开 ThingsBoard 实验环境，添加资产步骤如图 3-4-33 所示。

图 3-4-33　资产添加步骤

按照表 3-4-9 添加智慧牧场项目的所有资产。

表 3-4-9　智慧牧场资产列表

序号	名称	资产类型	标签
1	Herd_CowShed	Herd_CowShed	圈养棚
2	Herd_ElectronicFence	Herd_ElectronicFence	电子围栏
3	Herd_DairyCow1	Herd_DairyCow	牲畜 1
4	Herd_DairyCow2	Herd_DairyCow	牲畜 2

2）创建设备配置文件

设备添加配置文件步骤如图 3-4-34 所示。

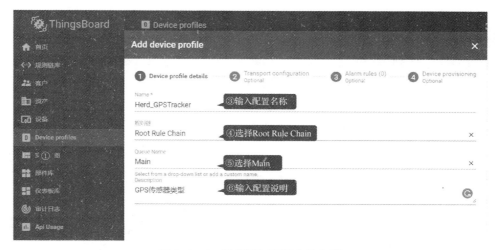

图 3-4-34　设备添加配置文件步骤

按照表 3-4-10 添加智慧牧场项目的所有设备配置文件。

表 3-4-10 智慧牧场设备配置文件列表

序号	Name	规则链	Queue Name	Description
1	Herd_CowShed	Herd_CowShed	Main	圈养棚
2	Herd_ElectronicFence	Herd_ElectronicFence	Main	电子围栏
3	Herd_DairyCow1	Herd_DairyCow	Main	牲畜 1
4	Herd_DairyCow2	Herd_DairyCow	Main	牲畜 2

3）添加网关设备

网关设备添加配置文件步骤如图 3-4-35 所示。

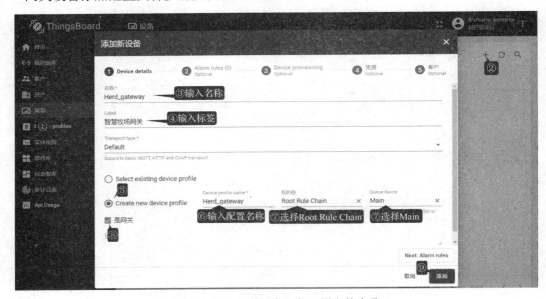

图 3-4-35 网关设备添加配置文件步骤

3. 部署与配置 ChirpStack

1）部署 ChirpStack

进入虚拟终端界面，依次输入以下指令下载 ChirpStack 安装包并解压。

```
1. wget https://newland-test.obs.cn-east-3.myhuaweicloud.com/student/chirpstack-docker-cn.tgz
2. tar -zxf chirpstack-docker-cn.tgz
3. cd chirpstack-docker-cn
```

进入解压后的目录，使用 nano 编辑器，打开 docker-compose.yml 文件

```
1. nano docker-compose.yml
```

修改最后一行如下：

```
1. command: /bin/bash -c "cd /home/newland/nleGateWay/; ./run.sh -s mq.test.nlecloud.com;"
```

在解压目录里执行下列命令，启动并安装 ChirpStack：

```
1. docker-compose up -d
```

等待拉取 ChirpStack 相关镜像并执行成功后，即可在实验终端中进入 ChirpStack 界面，默认用户名和密码均为：admin，如图 3-4-36 所示。

图 3-4-36　打开 ChirpStack 界面

2）添加 ChirpStack "网络服务"

添加网络服务步骤如图 3-4-37 所示。

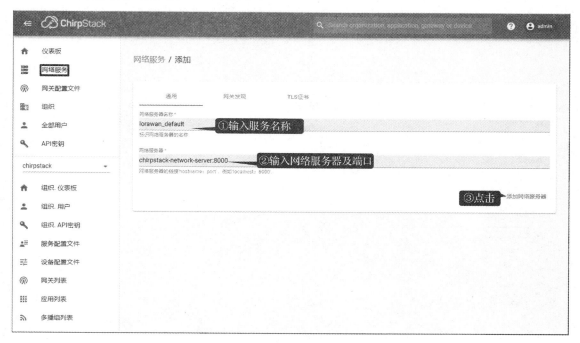

图 3-4-37　添加网络服务的步骤

3）添加 ChirpStack 网关配置文件

添加网关配置文件步骤如图 3-4-38 所示。

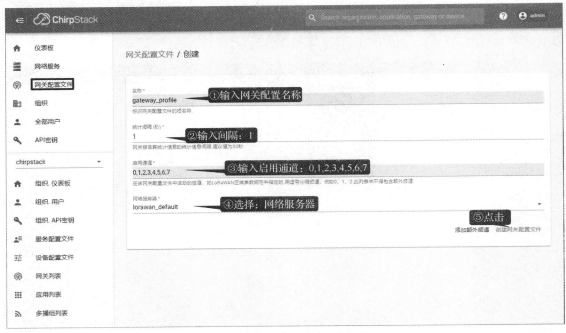

图 3-4-38　添加网关配置文件的步骤

4）添加 ChirpStack 服务配置文件

添加服务配置文件步骤如图 3-4-39 所示。

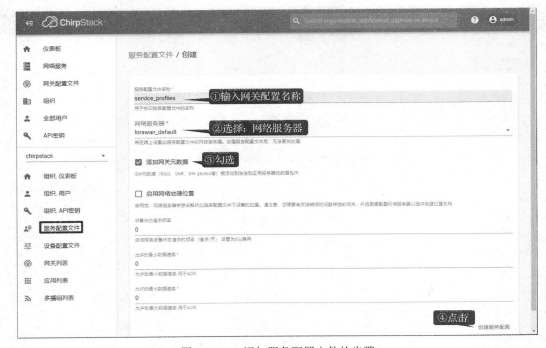

图 3-4-39　添加服务配置文件的步骤

5）添加并修改"设备配置文件"

添加设备配置文件的步骤如图 3-4-40 所示。

图 3-4-40 添加设备配置文件步骤

单击图 3-4-40 的"入网方式（OTAA/ABP）"按钮修改入网方式，勾选"设备支持 OTAA"选项。

单击图 3-4-40 的"编解码"按钮修改编解码方式，选择负载编解码方式为"自定义 JavaScript 编解码函数"。

Base64 的解码脚本如下：

```
1.  function bin2String(array) {
2.      return String.fromCharCode.apply(String, array);
3.  }
4.  function Decode(fPort, bytes, variables) {
5.      var buff = "[" + bytes.toString() + "]";
6.      var data = eval ("(" + buff+ ")");
7.      return bin2String(data);
8.  }
```

Base64 的编码脚本如下：

```
1.  function Encode(fPort, obj, variables) {
2.      return window.btoa(obj);
3.  }
```

6）添加智慧牧场的项目实体

（1）添加两个"LoRa"网关设备。

添加 LoRa 网关设备步骤如图 3-4-41 所示，依次添加两个 LoRa 网关，名称分别为：

"gateway1"和"gateway2"。

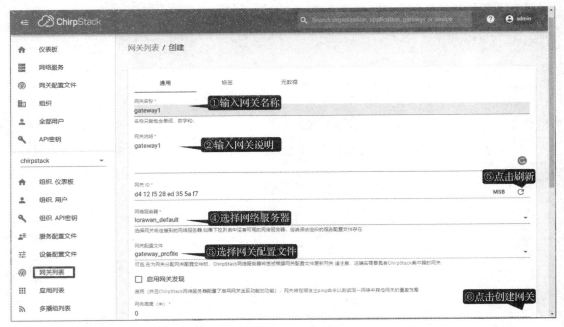

图 3-4-41　添加 LoRa 网关设备的步骤

（2）添加应用。

添加应用步骤如图 3-4-42 所示。

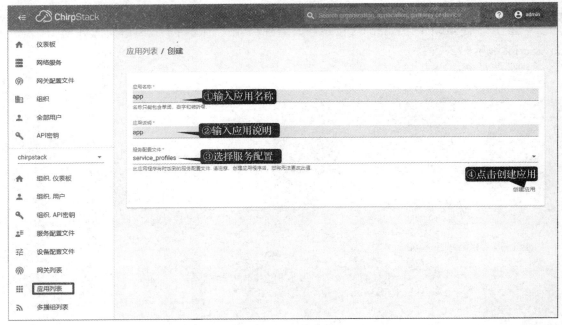

图 3-4-42　添加应用的步骤

（3）为应用添加设备。

应用添加设备步骤如图 3-4-43 所示。

项目3 智慧牧场项目设计与实施

图 3-4-43 为应用添加设备的步骤

添加完一个设备后，进入该设备的"钥匙（OTAA）"页面，单击"自动刷新"按钮，生成"应用程序密钥"和"通用应用程序密钥"。

按照表 3-4-11 设备参数表添加智慧牧场项目所有设备。

表 3-4-11 设备参数表

序号	设备名称	设备描述	devEUI	设备配置文件	两个密钥
1	fan	fan	单击刷新按钮自动生成	device_profile	单击刷新按钮自动生成
2	autofan	autofan			
3	gpstracker1	gpstracker1			
4	gpstracker2	gpstracker2			
5	temperature_humidity	temperature_humidity			

（4）配置 ThingsBoard 集成接入参数。

智慧牧场项目中所有的感知层设备最终需要通过 ChirpStack 接入 ThingsBoard 平台，此功能由 ChirpStack 应用中的"三方平台接入"模块实现。

首先应从 ThingsBoard 中复制 LoRa 网关设备的"访问令牌"，如图 3-4-44 所示。

返回 ChirpStack 的"应用列表"，选择"三方平台接入"，找到"ThingsBoard"卡片，单击"添加"，如图 3-4-45 所示。

在随后打开的界面中，输入"ThingsBoard.io"服务器地址为：tb.nlecloud.com:1883，并将上一步复制的网关"访问令牌"粘贴至"thingsboard 网关设备 Token"空白处，单击"更新"按钮保存。

129

图 3-4-44 从 ThingsBoard 中复制 LoRa 网关设备的访问令牌的步骤

图 3-4-45 ChirpStack 配置第三方接入的步骤

(5) 配置设备变量。

ChirpStack 中的感知层设备与 ThingsBoard 平台上的设备建立联系是通过"设备变量"来实现的，配置设备变量步骤如图 3-4-46 所示。

按照表 3-4-12 的参数配置智慧牧场项目所有设备的变量。

项目 3 智慧牧场项目设计与实施

图 3-4-46 配置设备变量的步骤

表 3-4-12 智慧牧场所有设备变量参数

序号	设备名称	devEUI	设备配置文件
1	fan		Herd_Fan
2	autofan		Herd_AutoFan
3	gpstracker1	ThingsBoardDeviceName	Herd_GpsTracker1
4	gpstracker2		Herd_GpsTracker2
5	temperature_humidity		Herd_TempHum

7）验证 ChirpStack 的配置结果

经过上述步骤的配置，即可在 ThingsBoard 平台中自动创建各设备，如图 3-4-47 所示。

图 3-4-47 自动生成 ThingsBoard 平台设备的结果

131

4. 虚拟仿真平台部署

1）安装虚拟仿真设备

根据控制需求，可将牲畜活动监控系统划分为以下几个子模块：

（1）LoRa 网关 1。

（2）LoRa 网关 2。

（3）温湿度采集。

（4）手动风扇控制。

（5）自动风扇控制。

（6）GPS 位置监测 1（牲畜 1）。

（7）GPS 位置监测 2（牲畜 2）。

其中"LoRa 网关 1"与"温湿度采集""手动风扇控制""自动风扇控制"3 个子模块组成一个 LoRa 网络；"LoRa 网关 2"与"GPS 位置监测 1""GPS 位置监测 2"2 个子模块组成另一个 LoRa 网络。

按照下列设备连线表完成智慧牧场的虚拟仿真设备安装，见表 3-4-13～表 3-4-19。

表 3-4-13　LoRa 网关 1 子模块设备连线表

设备 1	连线端子	设备 2	连线端子
LoRa 主节点	VS	12 V 电源	VS
LoRa 主节点	GND	12 V 电源	GND
LoRa 主节点	RS-485_1_P	ChirpStack 网关	RS-485_A
LoRa 主节点	RS-485_1_N	ChirpStack 网关	RS-485_B
12 V 电源	Power	ChirpStack 网关	Power

表 3-4-14　LoRa 网关 2 子模块设备连线表

设备 1	连线端子	设备 2	连线端子
LoRa 主节点	VS	12 V 电源	VS
LoRa 主节点	GND	12 V 电源	GND
LoRa 主节点	RS-485_1_P	ChirpStack 网关	RS-485_A
LoRa 主节点	RS-485_1_N	ChirpStack 网关	RS-485_B
12 V 电源	Power	ChirpStack 网关	Power

表 3-4-15　温湿度采集子模块设备连线表

设备 1	连线端子	设备 2	连线端子
LoRa 感知节点	VS	12 V 电源	VS
LoRa 感知节点	GND	12 V 电源	GND
LoRa 感知节点	RS-485_1_P	温湿度传感器	485-A
LoRa 感知节点	RS-485_1_N	温湿度传感器	485-B
24 V 电源	VS	温湿度传感器	VS
24 V 电源	GND	温湿度传感器	GND

项目3 智慧牧场项目设计与实施

表 3-4-16 手动风扇控制子模块设备连线表

设备1	连线端子	设备2	连线端子
LoRa 感知节点	VS	12 V 电源	VS
LoRa 感知节点	GND	12 V 电源	GND
LoRa 感知节点	RS-485_1_P	ADAM-4150	485-A
LoRa 感知节点	RS-485_1_N	ADAM-4150	485-B
24 V 电源	VS	ADAM-4150	VS
24 V 电源	GND	ADAM-4150	GND
24 V 电源	GND	ADAM-4150	D.GND
24 V 电源	GND	继电器	5
24 V 电源	VS	继电器	6
24 V 电源	VS	继电器	8
ADAM-4150	DO6	继电器	7
风扇	GND	继电器	3
风扇	VS	继电器	4

表 3-4-17 自动风扇控制子模块设备连线表

设备1	连线端子	设备2	连线端子
LoRa 感知节点	VS	12 V 电源	VS
LoRa 感知节点	GND	12 V 电源	GND
LoRa 感知节点	RS-485_1_P	ADAM-4150	485-A
LoRa 感知节点	RS-485_1_N	ADAM-4150	485-B
24 V 电源	VS	ADAM-4150	VS
24 V 电源	GND	ADAM-4150	GND
24 V 电源	GND	ADAM-4150	D.GND
24 V 电源	GND	继电器	5
24 V 电源	VS	继电器	6
24 V 电源	VS	继电器	8
ADAM-4150	DO6	继电器	7
风扇	GND	继电器	3
风扇	VS	继电器	4

表 3-4-18 GPS 位置监测 1 子模块设备连线表

设备1	连线端子	设备2	连线端子
LoRa 感知节点	VS	12 V 电源	VS
LoRa 感知节点	GND	12 V 电源	GND
LoRa 感知节点	RS-485_1_P	GPS 定位器	485-A

133

续表

设备1	连线端子	设备2	连线端子
LoRa 感知节点	RS-485_1_N	GPS 定位器	485-B
24 V 电源	VS	GPS 定位器	VS
24 V 电源	GND	GPS 定位器	GND

表 3-4-19　GPS 位置监测 2 子模块设备连线表

设备1	连线端子	设备2	连线端子
LoRa 感知节点	VS	12 V 电源	VS
LoRa 感知节点	GND	12 V 电源	GND
LoRa 感知节点	RS-485_1_P	GPS 定位器	485-A
LoRa 感知节点	RS-485_1_N	GPS 定位器	485-B
24 V 电源	VS	GPS 定位器	VS
24 V 电源	GND	GPS 定位器	GND

智慧牧场虚拟仿真完整设备安装效果如图 3-4-48 所示。

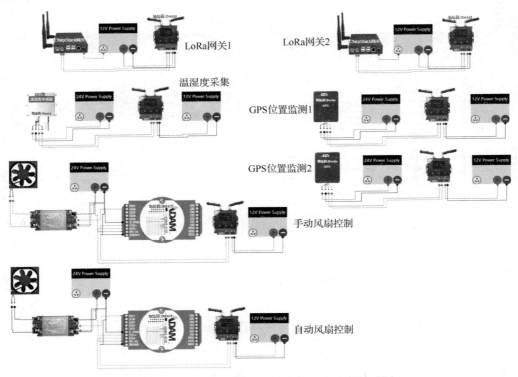

图 3-4-48　智慧牧场虚拟仿真完整设备安装效果图

2）配置虚拟仿真设备

（1）配置 LoRa 网关 1 子模块。

"ChirpStack 网关"的参数来源于 ChirpStack 应用，ChirpStack 网关 ID 的配置步骤，如图 3-4-49 所示。

项目3 智慧牧场项目设计与实施

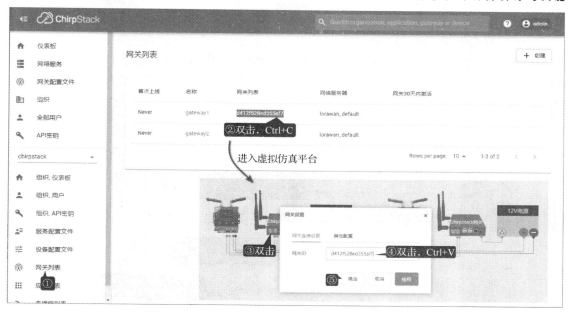

图 3-4-49 ChirpStack 网关 ID 的配置步骤

"LoRa 主节点"需要配置的参数包括通信频率与带宽。在同一个 LoRa 网络中，所有设备的频率和带宽必须一致。中国的 LoRa 通信频段为"CN470"，可以定义 96 个通道，即：470 300 000 +（N×200 000），其中 N=0～96。

当 N 取值为 32 时，LoRa 通信频率为：476 700 000 MHz。

LoRa 主节点的配置步骤如图 3-4-50 所示。

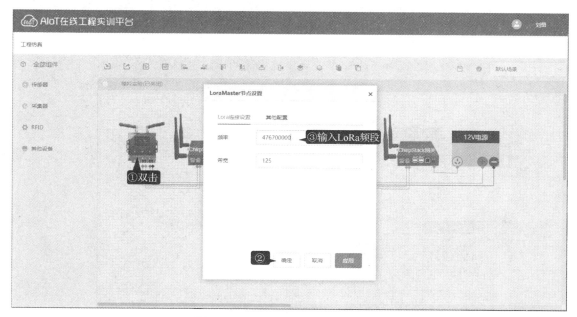

图 3-4-50 LoRa 主节点的配置步骤

"LoRa 网关 2 子模块"的配置步骤与上述步骤相似，不同之处在于"网关 ID"应填入 ChirpStack 中"gateway2"的 ID，"LoRa 主节点"的频率配置与"LoRa 网关 1 子模块"的不

135

同，如 476 900 000 MHz。

（2）配置温湿度采集子模块。

"温湿度采集子模块"中"LoRa 感知节点"需要配置的第一项内容是"LoRa 连接"，其中"通信频率"与"LoRa 主节点"要保持一致，"devEUI"和"AppKey"则来自 ChirpStack 应用中相应的设备。LoRa 连接的配置步骤如图 3-4-51 所示。

图 3-4-51　LoRa 连接的配置步骤

"LoRa 感知节点"需要配置的第二项内容是"RS-485 采集地址"，这里需要注意的是地址应与温湿度传感器的地址保持相同。LoRa 感知节点的 RS-485 采集地址配置如图 3-4-52 所示。

注意：所有的"LoRa 感知节点"都需要经过上述两项配置步骤。

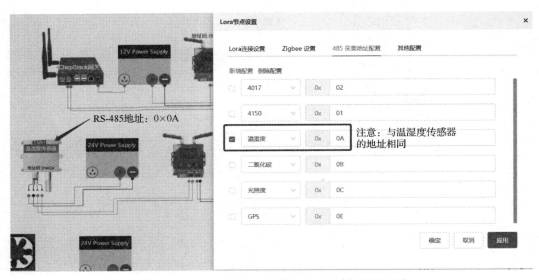

图 3-4-52　LoRa 感知节点的 RS-485 采集地址配置

（3）配置 GPS 位置监测 1 子模块。

GPS 位置监测器要配置内容如图 3-4-53 所示，包括"经度"、"纬度"和"步长"。经度可配置为 116.000433，纬度可配置为 43.9478440。为了看清牲畜在地图上的移动轨迹，可将步长加大至"5 000"。

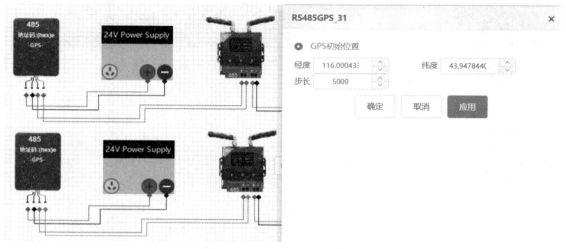

图 3-4-53　GPS 位置监测器配置内容

注意："GPS 位置监测"子模块的"LoRa 感知节点"的工作频率应与"LoRa 网关 2"子模块的"LoRa 主节点"的相同。

5. 配置 ThingsBoard 设备类型及关系

基于数据监测仪表板及规则链实现的需求，应修改 ThingsBoard 自动生成的设备"Device profile"，同时修改资产与该设备的关系。

1）配置设备类型

进入 ThingsBoard 平台，单击左侧"设备"栏，单击某个具体的设备，进入"设备详细信息"页。

按照表 3-4-20 配置 ThingsBoard 自动生成的显示标签（Label）与设备类型（Device profile）。

表 3-4-20　设备类型参数表

序号	设备名称	Label	Device profile
1	Herd_TempHum	温湿度传感器	Herd_Sensor
2	Herd_Fan	手动排气扇	Herd_Fan
3	Herd_AutoFan	自动排气扇	Herd_Fan
4	Herd_GpsTracker1	牲畜 1	Herd_GPSTracker
5	Herd_GpsTracker2	牲畜 2	Herd_GPSTracker

2）配置设备与资产之间的关系

在 ThingsBoard 平台中，资产与设备的关系通常是包含（Contain）关系，如圈养棚包含

温湿度传感器、手动风扇和自动风扇,牲畜配备 GPS 定位装置等。

进入 ThingsBoard 平台,单击左侧"设备"栏,单击某个具体的设备,切换到"关联"标签,配置步骤如图 3-4-54 所示。

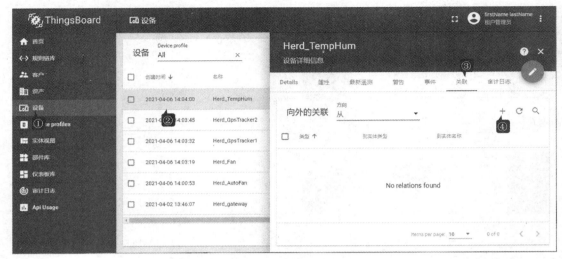

图 3-4-54　配置设备与资产之间关系的步骤

按照表 3-4-21 配置智慧牧场各设备与资产之间的关系。

表 3-4-21　智慧牧场各设备与资产之间的关系表

序号	设备名称	关联方向	关联类型	关联的资产
1	Herd_TempHum	到	Contains	Herd_CowShed
2	Herd_Fan	到	Contains	Herd_CowShed
3	Herd_AutoFan	到	Contains	Herd_CowShed
4	Herd_GpsTracker1	到	Contains	Herd_DairyCow1
5	Herd_GpsTracker2	到	Contains	Herd_DairyCow2

3)配置设备与设备之间的关系

本任务需要实现温度与手动排气扇的联动关系,因此要建立"温湿度传感器"与"手动排气扇"的关系,按照表 3-4-22 配置设备与设备之间的关系。

表 3-4-22　设备与设备之间的关系表

设备名称	关联方向	关联类型	关联的设备
Herd_TempHum	从	Uses	Herd_AutoFan

4)为实体配置服务端属性

在 ThingsBoard 平台中,为了在仪表板上显示实体,需要为相关实体配置服务端属性,如图 3-4-55 所示。

项目3 智慧牧场项目设计与实施

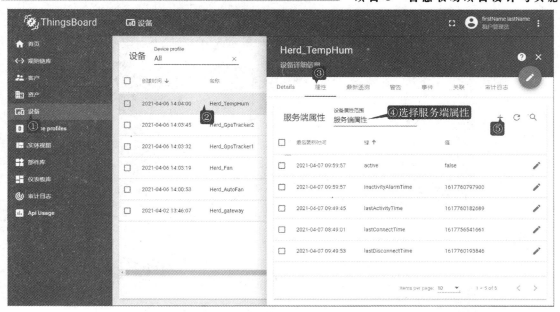

图 3-4-55 为实体配置服务端属性的步骤

按照表 3-4-23 配置智慧牧场项目所有实体的服务端属性。

表 3-4-23 智慧牧场实体服务端属性表

序号	实体名称	实体类型	实体标签	实体服务端属性			说明
				键名	键值类型	键值	
1	Herd_CowShed	资产	电子围栏	area	Json	[[[]]]	经纬度数组
2	Herd_ElectronicFence	资产	圈养棚	latitude	双精度	43.947844	圈养棚在电子地图中的经纬度
				longitude	双精度	116.000433	
3	Herd_Fan	设备	手动排气扇	xPos	双精度	0.344	手动排气扇在地图中的坐标
				yPos	双精度	0.1	
4	Herd_AutoFan	设备	自动排气扇	xPos	双精度	0.344	自动排气扇在地图中的坐标
				yPos	双精度	0.9	
5	Herd_TempHum	设备	温湿度传感器	xPos	双精度	0.344	温湿度传感器在地图中的坐标
				yPos	双精度	0.5	

6. 实现智慧牧场的仪表板

进入 ThingsBoard 平台，选择"仪表板库"栏，单击右上角的"+"号添加仪表板，导入智慧牧场仪表板，如图 3-4-56 所示，该仪表板文件包含了圈养棚子看板。

注：仪表板的创建步骤较多，读者可于课余时间参考相关资料完成。

7. 配置规则链

进入 ThingsBoard 平台，选择"规则链库"栏，单击右上角的"+"号添加规则，分别导入"圈养棚恒温控制"和"牲畜越界告警"规则链，记得导入后要单击"应用更改"按钮规则链才可生效，规则链导入如图 3-4-57 所示。

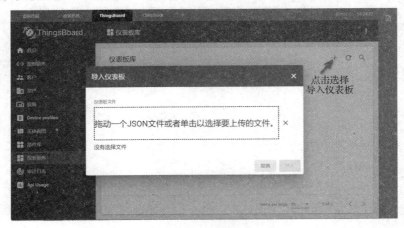

图 3-4-56 导入智慧牧场仪表板

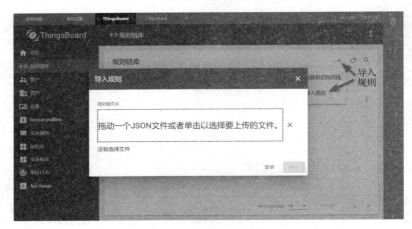

图 3-4-57 导入规则链

导入两条规则链后，需要将其加入根规则链才可生效。在"规则链库"界面打开"Root Rule Chain"根规则链，为根规则链添加两条规则，如图 3-4-58 所示。

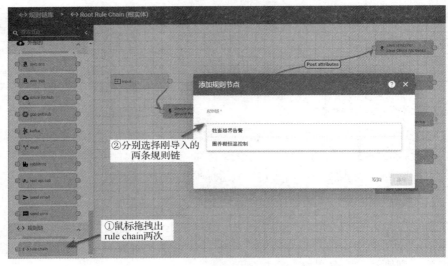

图 3-4-58 为根规则链添加两条规则

项目 3　智慧牧场项目设计与实施

从根规则链的"Message Type Switch"节点拉出两条线，与刚添加的两条规则相连，连接方式选择"Post telemetry"，如图 3-4-59 所示。

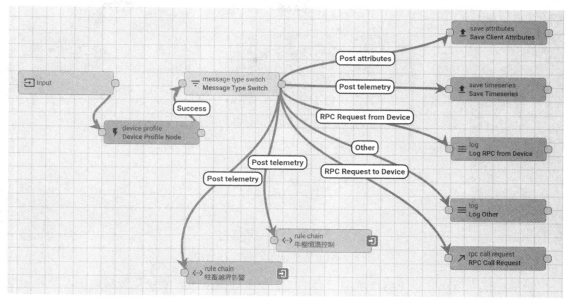

图 3-4-59　根规则链配置完成效果

8. 验证系统部署效果

系统部署完毕后，需要确保"虚拟仿真设备"处于运行状态，ChirpStack 处于运行状态，即可进行系统测试。

智慧牧场主看板运行情况如图 3-4-60 所示，当牲畜跑出围栏区，系统则发布告警信息。

图 3-4-60　智慧牧场主看板运行情况

鼠标单击主看板的"圈养棚"图标，选择"圈养棚详情"即可进入圈养棚内部的子看板，圈养棚子看板运行情况如图 3-4-61 所示。

物联网项目设计与实施

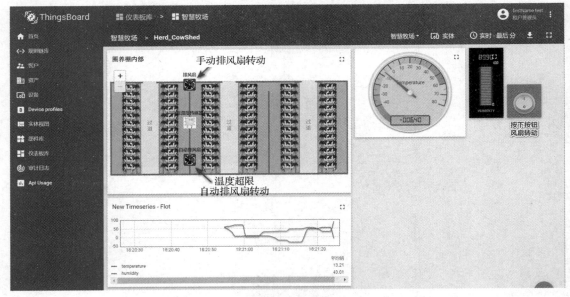

图 3-4-61 圈养棚子看板运行情况

当鼠标按下按钮时，手动排风扇转动，可切换至"虚拟仿真平台"查看效果，同时子看板的风扇图标变换。

当温度超过 25 ℃时，自动排风扇转动，图标变换。

任务检查与评价

任务实施完成后，开展任务检查与评价，相关表格位于任务工单中。请参照评分标准完成任务自查、组内互评，并将分数登记到网络学习平台中。

项目 4

智慧家庭项目设计与实施

项目背景

扫一扫下载设计资料：项目 4 智慧家庭

今天，数字化浪潮正在以前所未有的方式改变着世界。物联网已成为我国新型基础设施的重要组成部分和数字经济重点产业，而智慧家庭则是物联网在家庭环境下的重点应用领域。

对于智慧家庭的概念众说纷纭，但是基于国家标准和亿欧智库的调查结果，我们可以得出智慧家庭的简要含义。智慧家庭（Smart home），又可称为智能家居，以住宅为主体，综合利用物联网、云计算、边缘计算、人工智能等技术，使家庭设备能够集中管理、远程控制、互联互通、自主学习等，从而实现家庭环境管理、安全防卫、信息交流、消费服务、影音娱乐与家居生活有机结合，创造便捷、舒适、健康、安全、环保的家庭人居环境。

2021 年住房和城乡建设部十六部门联合印发《关于加快发展数字家庭，提高居住品质的指导意见》指出："数字家庭是以住宅为载体，利用物联网、云计算、大数据、移动通信、人工智能等新一代信息技术，实现系统平台、家居产品的互联互通，满足用户信息获取和使用的数字化家庭生活服务系统"，规划了建设数字家庭的国家战略，并提出"到 2022 年底，数字家庭相关政策制度和标准基本健全，到 2025 年底，构建比较完备的数字家庭标准体系"。

随着人们生活水平的不断提高，智慧家庭与人们日益增长的美好生活需要密切相关，在我国具有广阔的发展空间，其拓展出智能建筑、智能办公、智慧医院、智能养老等相关的场所，以上场所对应的智能管理应用对推进节能减排、改善安全监测管理、促进"碳中和"等，具有重要意义。

为了提升家庭生活品质，某用户计划进行智慧家庭升级改造。通过调研论证，得出具体需要建设的内容主要有以下几个：

（1）智慧客厅子系统。

（2）智慧厨房子系统。

（3）智慧卫生间系统。

（4）智能门禁系统。

智慧家庭场景设计如图 4-0-1 所示。

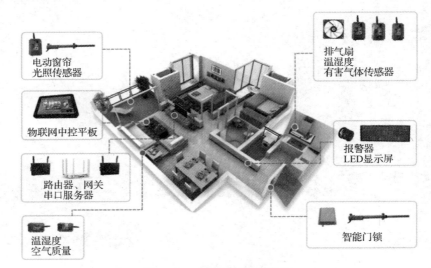

图 4-0-1　智慧家庭场景设计

本项目将带领读者从项目的需求分析开始，逐步完成智慧家庭项目的设计与实施。

学习目标

知识目标

（1）掌握智慧家庭的含义、内容与意义。
（2）掌握智慧家庭总体设计方案。
（3）掌握智慧家庭详细设计方案。
（4）了解智慧家庭系统测试的内容和过程。
（5）掌握 Android 软件开发的流程。

技能目标

（1）能梳理并编制智慧家庭项目的功能列表。
（2）能绘制智慧家庭项目的功能流程图。
（3）能设计智慧家庭项目的总体方案。
（4）能开展智慧家庭感知层设计工作。
（5）能开展智慧家庭网络传输设计工作。
（6）能绘制智慧家庭设备安装规划图和设备连接图。
（7）会基于 Android 提供的 API 开发应用程序。

素质目标

（1）培养谦虚、好学、勤于思考、认真做事的良好习惯——具有严谨的开发流程和正确的编程思路。
（2）培养团队协作能力——学生之间相互沟通、互相帮助、共同学习、共同达到目标。
（3）提升自我展示能力——能够讲述、说明和回答问题。
（4）培养可持续发展能力——能够利用书籍或网络上的资料帮助解决实际问题。

项目 4　智慧家庭项目设计与实施

任务 4.1　项目需求分析

扫一扫看教学课件：任务 4.1 项目需求分析

扫一扫看任务 4.1 任务工单

任务描述与要求

任务描述

为了提升家庭生活品质，某用户计划进行智慧家庭升级改造。改造区域包括客厅、厨房、卫生间和门禁。

客厅需要加装温湿度传感器检测室内温湿度，并根据用户设置的温湿度阈值打开或关闭空调；加装光照传感器检测室外光照强度，并根据用户设置的亮度阈值打开或关闭电动窗帘。

厨房需要加装可燃气体（燃气）传感器检测厨房的燃气浓度，根据用户设置的燃气浓度阈值打开或关闭排气扇和报警灯；加装大气压力传感器检测厨房大气压力，并根据用户设置的大气压力阈值打开或关闭换气扇，防止厨房出现过大负压。

卫生间需要加装空气质量传感器检测卫生间空气质量，根据用户设置的空气质量阈值打开或关闭排气扇；加装人体存在传感器检测卫生间是否有人，根据是否有人决定打开或关闭照明灯。

家庭大门需要加装自动识别模块，检测到用户标识后打开门，否则关门。

任务要求

（1）完成智慧家庭项目的需求分析。

（2）梳理功能列表、绘制功能流程图。

任务计划

请根据任务要求编制本任务的实施计划表并完善任务工单 4.1，任务实施计划表见表 4-1-1。

表 4-1-1　任务实施计划表

序号	任务内容	负责人

任务实施

4.1.1　梳理系统功能列表

根据客户需求，梳理系统的功能，填写表 4-1-2，并完善任务工单 4.1。

表 4-1-2 系统功能列表

功能类别	功能项	功能简述

4.1.2 绘制功能流程图

根据客户需求,绘制系统的功能流程图并完善任务工单 4.1。

任务检查与评价

任务实施完成后,开展任务检查与评价,相关表格位于任务工单 4.1 中。请参照评分标准完成任务自查、组内互评,并将分数登记到网络学习平台中。

任务 4.2 系统方案设计

任务描述与要求

扫一扫看教学课件:任务 4.2 系统方案设计

扫一扫看任务 4.2 任务工单

任务描述

通过需求分析阶段的工作,我们已明确智慧家庭项目的具体需求。本任务要求根据需求文档对项目进行详细地规划,完成系统方案的详细设计。

任务要求

(1)完成子系统划分。
(2)完成系统网络拓扑设计。
(3)编制感知层设备清单、完成感知层设备选型。
(4)完成网络传输设计。

任务计划

请根据任务要求编制本任务的实施计划表并完善任务工单 4.2,任务实施计划表见表 4-2-1。

表 4-2-1 任务实施计划表

序号	任务内容	负责人

项目4 智慧家庭项目设计与实施

任务实施

4.2.1 设计整体方案

1. 子系统划分

划分子系统，填充子系统划分表（见表4-2-2）并完善任务工单4.2。

表4-2-2 子系统划分表

序号	子系统名称	功能简述

2. 系统网络拓扑设计

根据客户需求，绘制系统的网络拓扑图并完善任务工单4.2。

4.2.2 设计感知层方案

1. 编制感知层设备清单

根据系统前端数据采集的需求，编制感知层设备清单（见表4-2-3）并完善任务工单4.2。

表4-2-3 感知层设备清单

子系统名称	设备名称	设备数量	安装位置

2. 感知层设备选型

综合考虑技术先进、价格合理、生产适用的原则，编制感知层设备选型表（见表4-2-4）并完善任务工单4.2。

表4-2-4 感知层设备选型表

序号	设备名称	设备图样	主要设备参数

4.2.3 设计网络传输方案

1. 选取传输技术

根据应用场景，为了保障信息传输的可靠性，请为系统选取合适的传输技术，填写系统

物联网项目设计与实施

传输技术选型表（见表 4-2-5），并完善任务工单 4.2。

表 4-2-5　系统传输技术选型表

应用子系统	传输技术	选型理由

2. 编制网络层设备清单

根据网络传输的需求，编制网络层设备清单（见表 4-2-6）并完善任务工单 4.2。

表 4-2-6　网络层设备清单

设备名称	设备数量	安装位置

3. 网络层设备选型

综合考虑技术先进、价格合理、生产适用的原则，编制网络层设备选型表（见表 4-2-7）并完善任务工单 4.2。

表 4-2-7　网络层设备选型表

序号	设备名称	设备图样	主要设备参数

任务检查与评价

任务实施完成后，开展任务检查与评价，相关表格位于任务工单 4.2 中。请参照评分标准完成任务自查、组内互评，并将分数登记到网络学习平台中。

任务 4.3　系统应用开发

任务描述与要求

任务描述

本任务要求进行智慧家庭 Android 端项目的新建以及框架的搭建，从而完成智慧家庭项目 Android 端移动应用的开发。

项目 4　智慧家庭项目设计与实施

智慧家庭项目的 Android 端移动应用开发任务准备：

（1）开发软件：Android Studio 2020

（2）主要所需 Jar 包：nlecloudII.jar

（3）对接平台：新大陆物联网云平台 http://www.nlecloud.com/

任务要求

（1）搭建智慧家庭项目 Android 端的基本框架。

（2）根据任务 2 的"功能需求"，搭建和登录 Android 主界面，以及智慧客厅、智慧厨房、智慧卫生间、智能门禁四个子系统的 UI 界面。

（3）根据任务 3 的"项目实施"，基于云平台 API 开发，完成各子系统的传感器数据获取与展示功能、执行器状态获取与展示功能及手动控制功能。

（4）完成 Android 平台与 MySQL 数据库的配置和连接等，将 MySQL 数据库的连接、查询、删除等方法封装成类库，方便 Android 端应用使用数据库。

任务计划

4.3.1　编制实施计划表

请根据任务要求编制本任务的实施计划表并完善任务工单 4.3，任务实施计划表见表 4-3-1。

表 4-3-1　任务实施计划表

序号	任务内容	负责人

4.3.2　绘制程序流程图

请绘制智慧家庭系统 Android 项目的开发程序流程图（包括各子系统的开发程序流程图），并完善任务工单 4.3。

任务实施

4.3.3　初始化 Android 项目

1. 创建 Android 新项目

首先安装好"Android Studio 2020"开发软件，详细安装教程请自行网络查找。这里使用"Android Studio 2020 软件"进行项目开发，双击软件启动快捷方式将其打开。

单击"New Project"选项，新建一个 Android 项目，通常选择 Android Studio 默认的"Botton Navigation Activity"模板。单击"完成"，来到 Android 项目基本配置界面。

如图 4-3-1 所示，进行 Android 项目的基本配置。具体配置内容及说明如下：

（1）Name：填写项目名称。

物联网项目设计与实施

（2）Save location：选择项目文件存放路径（请选择英文路径）。
（3）Language：选择项目编程语言（这里选择 Java）。
（4）Minimum SDK：这里选择最小 sdk25，version 版本为 7.1.1。
（5）配置完成：单击"Finish"即可。

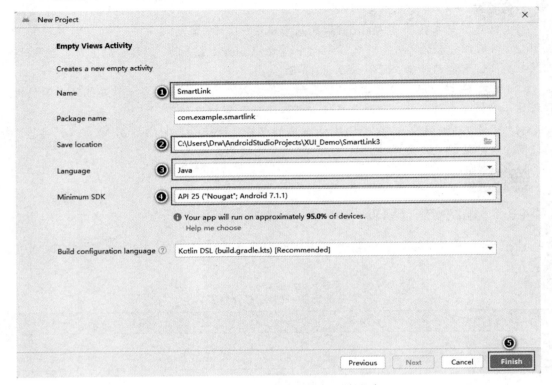

图 4-3-1　Android 项目基本配置界面

2. 进入手机开发者模式

首先打开调试手机或者虚拟机的开发者模式，不同品牌手机进入"开发者模式"的方式有所不同，可以网络查询打开方式。一般是"设置—关于手机—多次单击版本号"方法，最后手机提示"您已打开手机开发者模式"，此时使用数据线将手机连接至电脑，Android Studio 调试工具栏显示手机版本型号即可。Android Studio 调试工具栏如图 4-3-2 所示。

图 4-3-2　Android Studio 调试工具栏

3. 搭建欢迎界面

1）创建新的 Activity
创建一个新的 Activity，用来做一个简易的欢迎界面，创建新界面流程图如图 4-3-3 所示。

2）编写欢迎界面的 UI 代码
在创建的"activity_new_main.xml"文件里编写 UI 代码，创建新界面流程如图 4-3-3～图 4-3-4 所示。

扫一扫看参考代码：欢迎界面设计

150

项目4 智慧家庭项目设计与实施

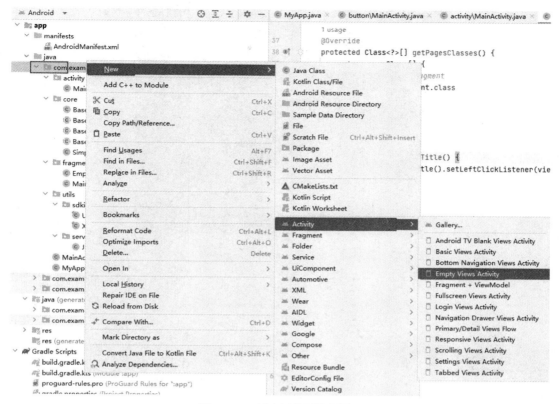

图 4-3-3 创建新界面流程图 1

图 4-3-4 创建新界面流程图 2

欢迎界面的效果参考如图 4-3-5 所示。

3）编写实现欢迎功能的逻辑代码

在"NewMainActivity.java"中编写实现欢迎功能的逻辑代码，如图 4-3-6 所示。

扫一扫看参考代码：欢迎功能逻辑

4）设置初次进入展示的界面

在 AndroidManifest.xml 文件中，将欢迎界面设置成初次进入展示的界面。

扫一扫看参考代码：初次进入界面设计

151

物联网项目设计与实施

图 4-3-5　欢迎界面效果参考图

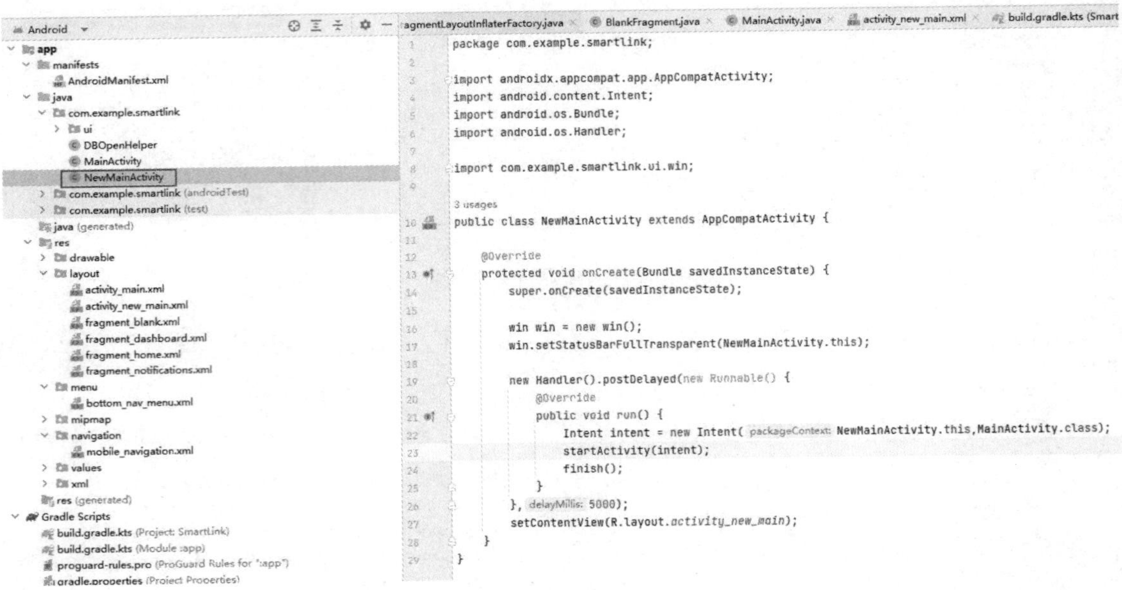

图 4-3-6　NewMainActivity.java 文件位置

4. 添加导航栏模块

1）新建 Fragment

单击项目运行按钮，将程序发布至手机，观察发现 APP 界面底部自动生成了导航栏，如图 4-3-7 所示，但是目前导航栏只有三个模块，本项目需要四个模块，需再添加一个模块。

图 4-3-7　Android Studio 项目运行自动生成导航栏图

首先选中图 4-3-8 中标注的位置，单击鼠标右键。按照图 4-3-8 的指示在 Android Studio 工程中新建 Fragment 界面。

项目4　智慧家庭项目设计与实施

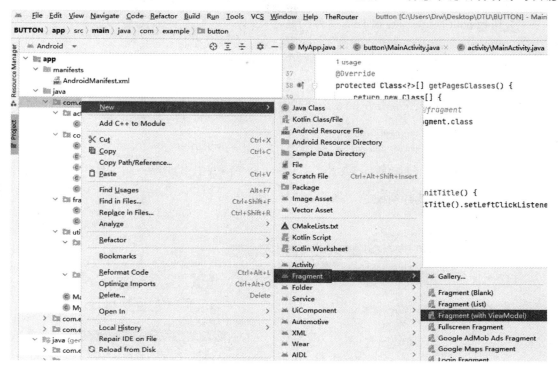

图 4-3-8　在 Android Studio 工程中新建 Fragment 界面

接着弹出以下界面，如图 4-3-9 所示，参考此界面进行 Fragment 界面属性配置。

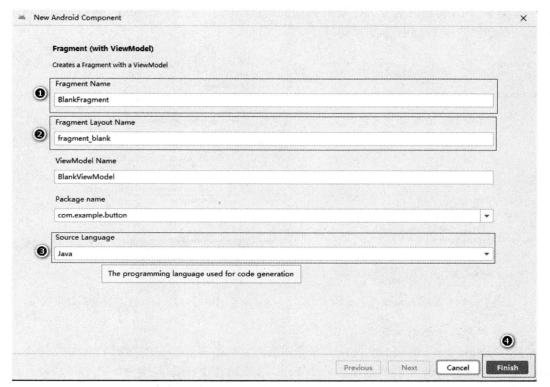

图 4-3-9　Android Studio 新建 Fragment 界面属性配置

153

（1）Fragment Name：设置.java 文件的名称。
（2）Frament Layout Name：设置 Layout 中.xml 文件的名称。
（3）Source Language：选择编程语言（这里选择 Java）。
（4）配置完成，单击"Finish"即可。
此时会发现文件中多了两个.java 文件和一个.xml 文件，如图 4-3-10 和图 4-3-11 所示。

图 4-3-10　新建的.java 文件 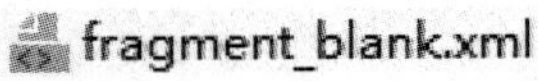　　　　图 4-3-11　新建的.xml 文件

右击 ui 文件夹，选择新建包，如图 4-3-12 所示。

图 4-3-12　在 ui 文件夹中新建包

输入新建包的名称，注意名称的前缀部分不要删除，直接在后面添加新名即可，如图 4-3-13 所示。

将图 4-3-10 新建的两个 Java 文件拖动到新建的包中，单击"Refactor"按钮，如图 4-3-14 所示，得到如图 4-3-15 所示结果即可。

图 4-3-13　Android 新建包命名

图 4-3-14　移动 Java 文件并重构　　　图 4-3-15　Java 文件移动后效果图

2）添加新的导航栏组件

打开 botton_nav_menu.xml 文件，在存放资源文件的 res 文件中，找到 menu 文件夹，在 bottom_nav_menu.xml 中并列地添加一个 item，即添加新的导航栏组件，id 名可自取，对应的图标和文字内容都可进行更改，如图 4-3-16 所示第 18～21 行代码。

项目 4　智慧家庭项目设计与实施

图 4-3-16　botton_nav_menu.xml 文件的编辑视图

然后打开 mobile_navigation.xml 文件，并列地添加一个 fragment，注意 id 和 layout 要替换成新名，如图 4-3-17 所示。

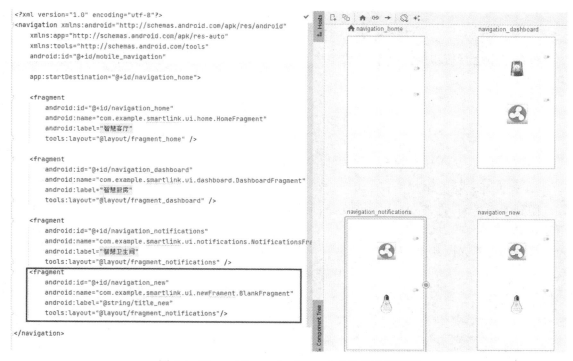

图 4-3-17　mobile_navigation.xml 文件的编辑视图

155

3）修改 MainActivity.java 文件

打开 MainActivity.java 文件，之前通过 Android 原生的模板只自动创建了 3 个 fragment 界面，但现在需要 4 个 fragment 界面，所以需要在 main 方法中去调用这个 fragment 界面的 id，添加下面方框中的代码部分即可。如图 4-3-18 所示。

```
package com.example.myhome2023;

import ...

public class MainActivity extends AppCompatActivity {
    private ActivityMainBinding binding;

    @Override
    protected void onCreate(Bundle savedInstanceState) {
        super.onCreate(savedInstanceState);

        binding = ActivityMainBinding.inflate(getLayoutInflater());
        setContentView(binding.getRoot());
        //透明设置
        win win=new win();
        win.setStatusBarFullTransparent(MainActivity.this);

        BottomNavigationView navView = findViewById(R.id.nav_view);
        navView.setItemIconTintList(null);
        // Passing each menu ID as a set of Ids because each
        // menu should be considered as top level destinations.
        AppBarConfiguration appBarConfiguration = new AppBarConfiguration.Builder(
                R.id.navigation_home, R.id.navigation_dashboard, R.id.navigation_notifications,R.id.navigation_new)
                .build();
        NavController navController = Navigation.findNavController(this, R.id.nav_host_fragment_activity_main);
//        NavigationUI.setupActionBarWithNavController(this, navController, appBarConfiguration);
        NavigationUI.setupWithNavController(binding.navView, navController);
    }
}
```

图 4-3-18　MainActivity.java 文件的编辑界面

再次单击运行按钮，若运行成功将会在界面底部生成四个导航栏模块，如图 4-3-19 所示。

图 4-3-19　运行之后软件底部导航栏效果图

4）修改导航栏文字

回到项目界面，打开 values 文件夹下面的 strings.xml 文件，修改其中的内容，如图 4-3-20 所示。

修改的内容如图 4-3-21 所示。

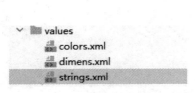

图 4-3-20　values 文件夹下各文件

图 4-3-21　strings.xml 文件的修改效果图

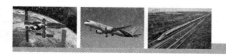

打开 mobile_navigation.xml 文件，修改图 4-3-22 方框中的部分内容。

```
<fragment
    android:id="@+id/navigation_home"
    android:name="com.example.myhome2023.ui.home.HomeFragment"
    android:label="@string/title_home"
    tools:layout="@layout/fragment_home" />

<fragment
    android:id="@+id/navigation_dashboard"
    android:name="com.example.myhome2023.ui.dashboard.DashboardFragment"
    android:label="@string/title_dashboard"
    tools:layout="@layout/fragment_dashboard" />

<fragment
    android:id="@+id/navigation_notifications"
    android:name="com.example.myhome2023.ui.notifications.NotificationsFragment"
    android:label="@string/title_notifications"
    tools:layout="@layout/fragment_notifications" />
<fragment
    android:id="@+id/navigation_new"
    android:name="com.example.myhome2023.ui.newFrament.BlankFragment"
    android:label="@string/title_new"
    tools:layout="@layout/fragment_notifications"/>
```

图 4-3-22　mobile_navigation.xml 文件的编辑参数界面

修改导航栏文字效果图界面如图 4-3-23 所示。

图 4-3-23　修改导航栏文字效果图界面

5）更改 Android 导航栏图标

如果要更改底部导航栏中的图标，可以右击 drawable 文件夹，选择“New”，选择“Vector Asset”，如图 4-3-24 所示。

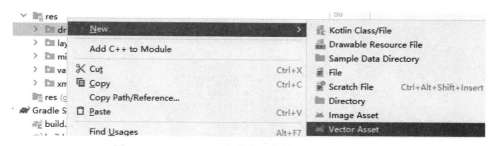

图 4-3-24　drawable 文件夹下新建 Vector Asset 文件

在图 4-3-25 所示界面中可以选择图标样式、名称、颜色、透明度等信息。

选择好之后，单击 OK 按钮，打开 botton_nav_menu.xml 文件，修改图 4-3-26 方框处的属性代码，即可完成图标更改。图标可以根据自身需求进行更改，也可以在网上矢量图标库进行资源下载。

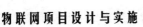

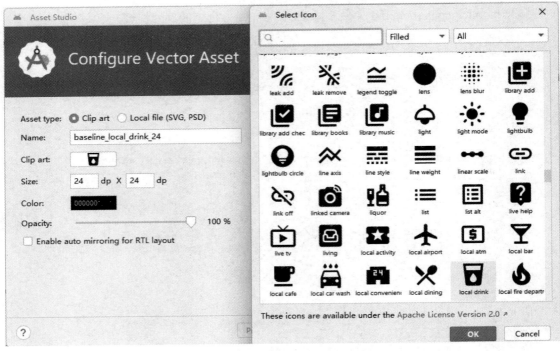

图 4-3-25　Vector Asset 参数配置界面

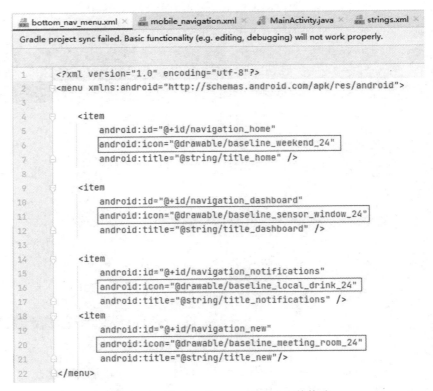

图 4-3-26　botton_nav_menu.xml 文件修改

修改之后的底部导航栏效果图如图 4-3-27 所示。

项目 4　智慧家庭项目设计与实施

图 4-3-27　修改之后底部导航栏效果图

5. 隐藏标题栏

进入 AndroidManifest.xml 文件，如图 4-3-28 所示。

接下来设置透明状态栏，在 java/com/example/smartlink 这个目录下创建一个类名为 win 的类。设置透明状态栏的方法如图 4-3-29 所示。

图 4-3-28　AdroidManifest.xml 文件下修改 theme 参数图　　图 4-3-29　设置透明状态栏的方法

在 MainActivity.java 文件中的 onCreate()方法中调用 win 类，即可实现透明效果。透明状态栏的调用方式如图 4-3-30 所示。

```
public class MainActivity extends AppCompatActivity {
    no usages
    private ActivityMainBinding binding;

    no usages
    @Override
    protected void onCreate(Bundle savedInstanceState) {
        super.onCreate(savedInstanceState);

        binding = ActivityMainBinding.inflate(getLayoutInflater());
        setContentView(binding.getRoot());
        //透明设置
        win win=new win();
        win.setStatusBarFullTransparent(MainActivity.this);

        BottomNavigationView navView = findViewById(R.id.nav_view);
        navView.setItemIconTintList(null);
        // Passing each menu ID as a set of Ids because each
        // menu should be considered as top level destinations.
        AppBarConfiguration appBarConfiguration = new AppBarConfiguration.Builder(
                R.id.navigation_home, R.id.navigation_dashboard, R.id.navigation_notifications,R.id.navigation_new)
                .build();
        NavController navController = Navigation.findNavController( this, R.id.nav_host_fragment_activity_main);
```

图 4-3-30　透明状态栏的调用方式

159

6. 修改 APP 主界面的背景

进入 activity_main.xml 文件，修改 APP 主界面的背景参数，如图 4-3-31～图 4-3-33 所示。

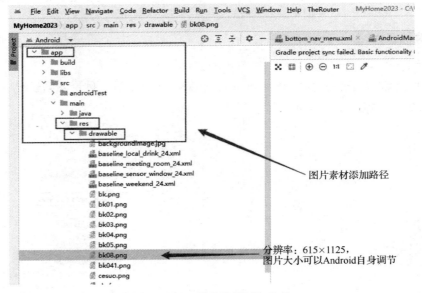

图 4-3-31　图片素材添加路径

```
<?xml version="1.0" encoding="utf-8"?>
<androidx.constraintlayout.widget.ConstraintLayout xmlns:android="http://sche
    xmlns:app="http://schemas.android.com/apk/res-auto"
    xmlns:tools="http://schemas.android.com/tools"
    android:id="@+id/container"
    android:layout_width="match_parent"
    android:layout_height="match_parent"
    android:background="@drawable/bk08"
    android:paddingTop="?attr/actionBarSize">
```

图 4-3-32　修改 activity_main.xml 文件中界面的背景参数

接下来修改底部导航栏背景，如图 4-3-33 所示。

```
<com.google.android.material.bottomnavigation.BottomNavigationView
    android:id="@+id/nav_view"
    android:layout_width="0dp"
    android:layout_height="65dp"
    android:background="@drawable/bk041"
    app:layout_constraintBottom_toBottomOf="parent"
    app:layout_constraintLeft_toLeftOf="parent"
    app:layout_constraintRight_toRightOf="parent"
    app:menu="@menu/bottom_nav_menu">
```

图 4-3-33　修改底部导航栏的背景参数

上述修改完成之后，主界面效果如图 4-3-34 所示，也可以根据喜好选择适宜的背景图片来完成设计。

项目4 智慧家庭项目设计与实施

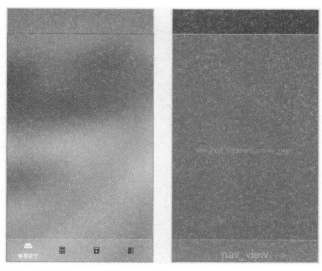

图 4-3-34 主界面效果图

4.3.4 开发智慧客厅子系统

1. 功能描述与具体要求

功能描述：

本任务要求开发智慧家庭中智慧客厅子系统的 Android 端应用功能，目的是可以及时获取客厅传感器信息和执行器工作状态，并可以手动控制执行器。

具体要求：

（1）智慧客厅子系统分为环境智能控制和电动窗帘智能控制两个模块。
（2）通过云平台接口，实现温湿度传感器数值、光照传感器数值的获取与展示。
（3）通过云平台接口，实现空调（可用风扇替代）工作状态、电动窗帘工作状态的获取与展示，并可以手动控制空调、电动窗帘。

扫一扫看参考代码：智慧客厅UI界面设计

2. 界面搭建

智慧客厅子系统分为环境智能控制和电动窗帘智能控制两个模块，据此进行"智慧客厅子系统"的 UI 界面设计。进入 fragment_home.xml 文件预览布局效果，如图 4-3-35 所示。

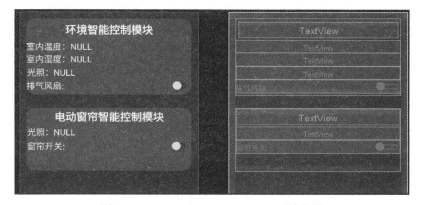

图 4-3-35 fragment_home.xml 界面效果图

161

返回至 activity_main.xml 文件，如图 4-3-36 所示。

图 4-3-36　activity_main.xml 文件界面效果图

3. 功能实现

1）导入 jar 包

在 android studio 软件中导入新大陆云平台 nlecloudll.jar 包。首先将视图切换到 Project，然后将 jar 包粘贴到 libs 文件夹下。jar 包粘贴效果图如图 4-3-37 所示。

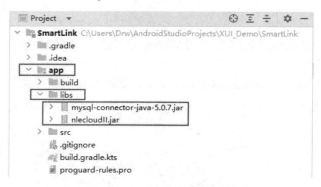

图 4-3-37　jar 包粘贴效果图

双击 build.gradle 文件。配置 jar 包引用环境文件如图 4-3-38 所示。

修改代码，如图 4-3-39 所示，添加图片中的代码，然后单击右上角的 Sync Now 即可。

2）添加网络权限

打开 AndroidManifest 文件，给 Android 应用程序添加网络访问权限。效果图如图 4-3-40 所示。

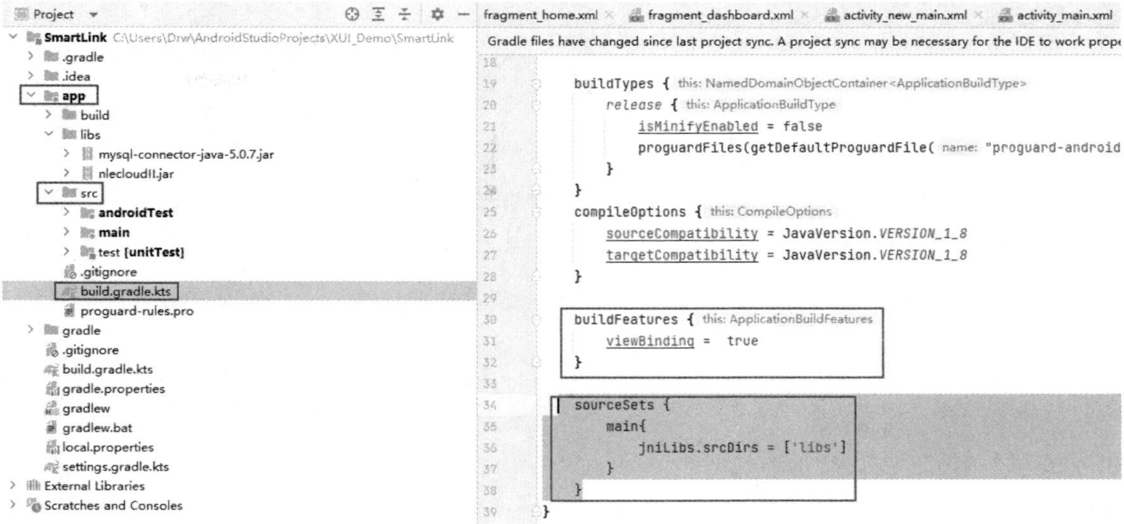

项目 4　智慧家庭项目设计与实施

图 4-3-38　配置 jar 包引用环境文件

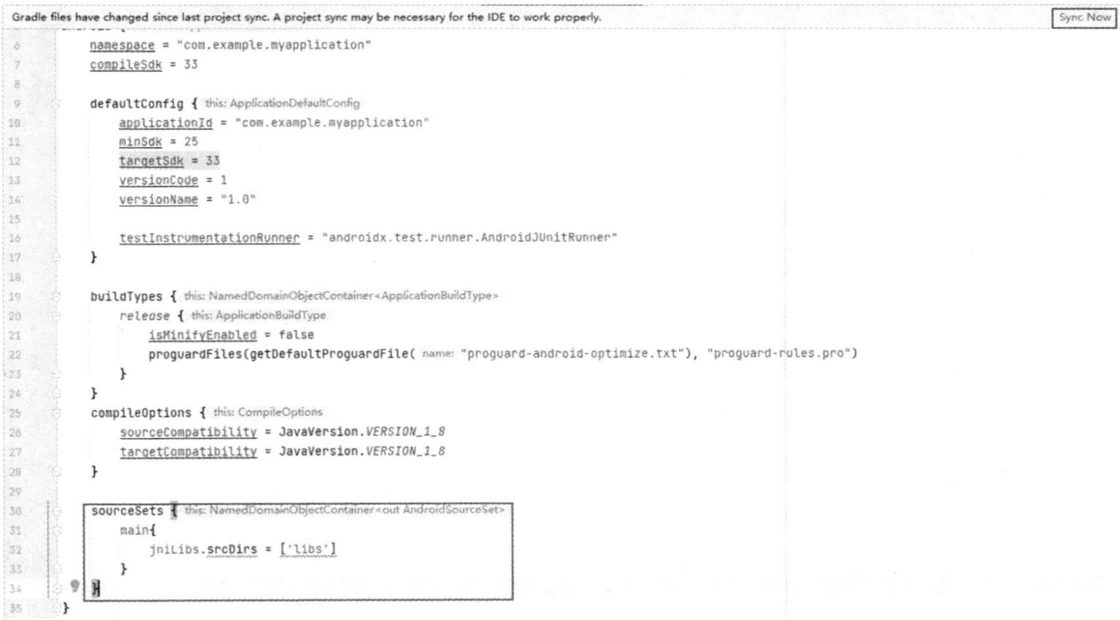

图 4-3-39　配置 jar 包引用环境

图 4-3-40　添加网络权限效果图

163

3）控件命名

返回 fragment_home.xml 给各控件 id 进行命名。

参考命名：

室内温度：living_room_tem

室内湿度：living_room_hum

室外光照：living_room_light1

窗帘开关：living_room_curtains

空调：living_room_fan

扫一扫看参考代码：声明类型对象

4）控件绑定

返回 HomeFrament.java 文件中，首先与前台控件绑定。

扫一扫看参考代码：控件初始化

声明相应类型的对象：

编写一个控件初始化的方法：

当出现异常报错时，在 HomeFragment.java 中，删除如图 4-3-41 圈出的代码，并把 root 设置成为全局变量，在上述代码有所体现。

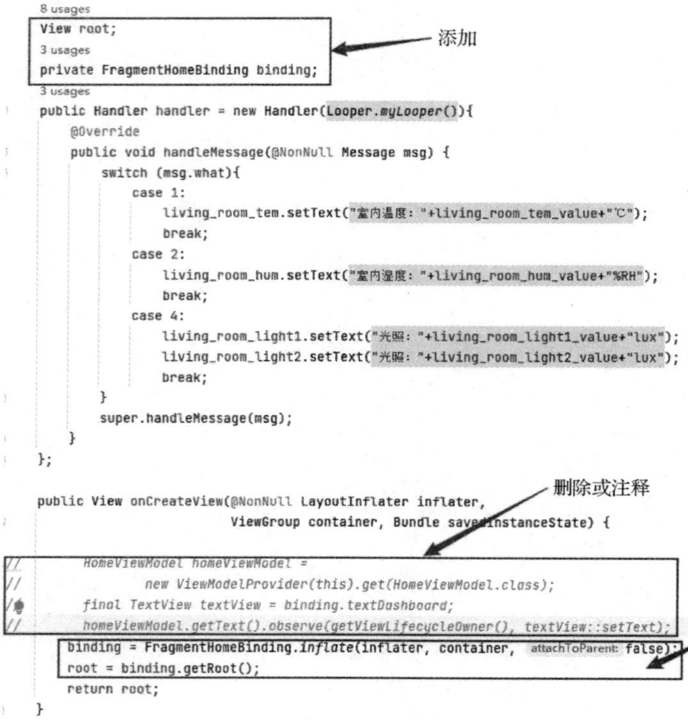

```
8 usages
View root;
3 usages
private FragmentHomeBinding binding;
3 usages
public Handler handler = new Handler(Looper.myLooper()){
    @Override
    public void handleMessage(@NonNull Message msg) {
        switch (msg.what){
            case 1:
                living_room_tem.setText("室内温度："+living_room_tem_value+"℃");
                break;
            case 2:
                living_room_hum.setText("室内湿度："+living_room_hum_value+"%RH");
                break;
            case 4:
                living_room_light1.setText("光照："+living_room_light1_value+"lux");
                living_room_light2.setText("光照："+living_room_light2_value+"lux");
                break;
        }
        super.handleMessage(msg);
    }
};

public View onCreateView(@NonNull LayoutInflater inflater,
                         ViewGroup container, Bundle savedInstanceState) {

//      HomeViewModel homeViewModel =
//              new ViewModelProvider(this).get(HomeViewModel.class);
//      final TextView textView = binding.textDashboard;
//      homeViewModel.getText().observe(getViewLifecycleOwner(), textView::setText);
        binding = FragmentHomeBinding.inflate(inflater, container, attachToParent: false);
        root = binding.getRoot();
        return root;
}
```


图 4-3-41　异常报错解决方法

扫一扫看参考代码：客厅连接云平台

5）连接云平台

下面进行云平台的连接，打开 HomeFragment.java 文件，在其中编写一个连接云平台的方法 Connect()。

在 onCreate()方法中将自己新大陆云平台的项目 ID、账号、密码传进去。

```
Connect("项目 ID","https://api.nlecloud.com","账号","密码");
```

6）获取云平台数据

连接成功以后，在 HomeFragment 类的 onCreate()方法中实例化获取数据和控制设备的连接器。

接着开始获取数据。为了代码的方便整洁，将获取数据也封装成一个方法 Get_data()，注意接收的传感器数据如果都是 int、double、float，可以按照下述代码进行赋值，如果是 true/false，则要用 String 字符串接收。

创建 handler 方法进行 UI 更新。

在连接云平台的方法中，连接成功以后，在 HomeFragment.java 中的 onCreateView()方法中调用 Get_data()方法获取数据。

7）实现执行器设备控制

下面进行设备控制的方法编写，在控制相应设备的时候，调用 Implement()方法即可。

例：如图 4-3-42 所示，单击右侧滑块实现开启或关闭风扇。

参考代码中 device_id 为云平台网关设备 ID，api_tag 为传感器设备标识。

智慧客厅界面最终效果图如图 4-3-43 所示：

图 4-3-42　控制界面控件效果图　　　　图 4-3-43　智慧客厅界面最终效果图

4.3.5　开发智慧厨房子系统

1. 功能描述与具体要求

功能描述：本任务要求开发智慧家庭中智慧厨房子系统的 Android 端应用功能，目的是可以及时获取厨房传感器信息和执行器工作状态，并可以手动控制执行器。

具体要求：

（1）智慧厨房子系统分为燃气智能监测控制和气压智能监测控制两个模块。

（2）通过云平台接口，实现可燃气体（燃气）传感器数值、大气压传感器数值的获取与展示。

（3）通过云平台接口，实现排气扇工作状态、报警灯工作状态的获取与展示，并可以手动控制排气扇、报警灯。

（4）当排气扇或者报警灯响应时，要求界面有风扇、报警器动画展示效果。

2. 界面搭建

智慧厨房子系统分为燃气智能监测控制和气压智能监测控制两个模块，据此进行"智慧厨房子系统"的 UI 界面设计。进入 fragment_dashboard.xml 文件预览布局效果，如图 4-3-44 所示。根据要求进行界面搭建，下图仅供参考。

扫一扫看参考代码：智慧厨房UI界面设计

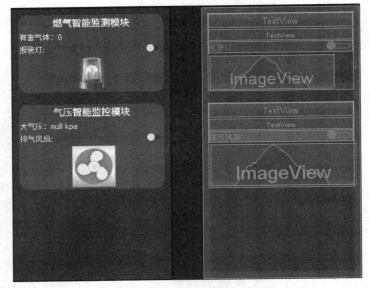

图 4-3-44　fragment_dashboard.xml 文件界面效果图

3. 功能实现

1）控件命名

返回 fragment_dashboard.xml 给各控件 id 进行命名，id 命名参考如下。

可燃气体：kitchen_Harmful_gas

空气质量：kitchen_air_quality

排气风扇：kitchen_fan

报警灯：kitchen_Alarm_lamp

动画风扇：d_fan

动画报警灯：d_Alarm_lamp

扫一扫看参考代码：厨房连接云平台

2）连接云平台

下面进行云平台的连接，打开 DashboardFragment.java 文件，在其中编写一个连接云平台的方法 Connect()。

项目4　智慧家庭项目设计与实施

在 onCreate()方法中调用，将自己云平台的项目 ID、账号、密码传进去。

```
Connect("项目ID","https://api.nl*****.com","账号","密码");
```

3）实例化连接云平台对象

连接成功以后，在 DashboardFragment 类的 onCreate()方法中实例化获取数据和控制设备的连接器。

扫一扫看参考代码：实例化连接器

4）控件声明与绑定

返回 DashboardFragment.java 文件中，声明控件类型的对象。

在 DashboardFragment.java 中，新建一个初始化方法，给对象实例化。

异常报错解决方法：如图 4-3-45 所示，在 DashboardFragment.java 中，删除如图框住的代码，并把 root 设置成为全局变量，在上述代码有所体现。

扫一扫看参考代码：声明控件类型对象

扫一扫看参考代码：对象实例化

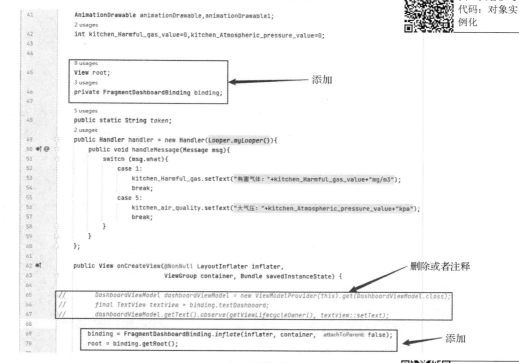

图 4-3-45　异常报错解决方法

5）获取云平台传感器数据

在 DashboardFragment.java 中，编写获取云平台数据的代码。
创建一个 handler 方法进行 UI 更新。

扫一扫看参考代码：获取云平台数据

扫一扫看参考代码：界面 UI 更新

6）实现执行器设备控制

返回至 DashboardFragment.java 文件，编写一个执行器的方法。
首先为界面上所有手动控制的操作注册控制事件。

扫一扫看参考代码：执行器控制方法

7）图片动画效果的实现

接着制作风扇和报警灯闪烁的动画，右键 drawable 文件夹，新建一个 xml 文件，界面如图 4-3-46 所示。

扫一扫看参考代码：注册控制事件

167

物联网项目设计与实施

图 4-3-46 drawable 文件夹下新建 xml 文件

先建一个风扇旋转动画。

然后再建一个报警灯闪烁的动画。

返回至 DashboardFragment.java 文件，声明逐帧动画对象：AnimationDrawable animationDrawable,animationDrawable1。

声明两个，一个是风扇的、一个是报警灯的，在实例化方法中，添加以下代码。

随后在打开关闭风扇或者打开关闭报警灯的位置，调用动画打开或者关闭的事件即可。

智慧厨房最终效果展示图如图 4-3-47 所示：

扫一扫看参考代码：风扇旋转动画

扫一扫看参考代码：报警灯闪烁动画

扫一扫看参考代码：声明逐帧动画对象

扫一扫看参考代码：调用动画事件

4.3.6 开发智慧卫生间子系统

1. 功能描述与具体要求

功能描述：

本任务要求开发智慧家庭中智慧卫生间子系统的 Android 端应用功能，目的是可以及时获取厨房传感器信息和执行器工作状态，并可以手动控制执行器。

具体要求：

（1）智慧卫生间子系统分为空气质量智能监测控制和人体感应开关灯两个模块。

（2）通过云平台接口，实现空气质量传感器数值、人体传感器数值的获取与展示。

（3）通过云平台接口，实现排气扇工作状态、照明灯工作状态的获取与展示，并可以手动控制排气扇、照明灯。

（4）当排气扇或者照明灯响应时，界面要求有风扇、照明灯动画展示效果。

2. 界面搭建

智慧卫生间子系统分为空气质量智能监测控制和人体感应开关两个模块，据此进行"智慧卫生间子系统"的 UI 界面设计。frament_notifications.xml 文件界面效果图如图 4-3-48 所示。

给各控件 id 进行命名，id 命名参考如下。

空气质量：toilet_air_quality

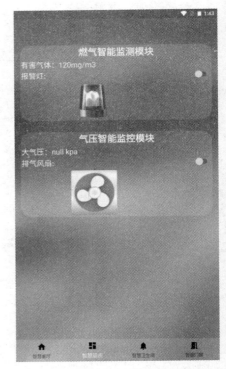

图 4-3-47 智慧厨房最终效果展示图

扫一扫看参考代码：智慧卫生间 UI 界面设计

项目 4 智慧家庭项目设计与实施

排气风扇：toilet_fan

红外对射：toilet_Infrared_radiation

是否有人：toilet_body

照明灯：toilet_lamp

风扇动画：d_fan

3. 功能实现

返回至 NotificationsViewModel.java 文件中，首先与前台控件绑定。

（1）首先设置各类型的对象：初始化方法与智慧客厅一致，请自主尝试完成。

（2）新建一个初始化方法，给以上对象实例化：初始化方法与智慧客厅一致，请自主尝试完成。

（3）编写控制执行器方法：执行器方法编写方式与智慧客厅一致，请自主尝试完成。

（4）编写手动控制执行器代码：执行器代码编写方式与智慧客厅基本一致，请自主完成。

（5）编写获取数据方法：获取数据方法与智慧客厅获取数据方法一致，请自行完成。

完成之后测试，智慧卫生间最终界面效果如图 4-3-49 所示。

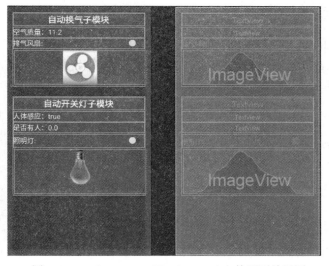

图 4-3-48　frament_notifications.xml 文件界面效果图

图 4-3-49　智慧卫生间最终界面效果图

4.3.7　开发智能门禁子系统

1. 功能描述与具体要求

功能描述：

本任务要求开发智慧家庭中智能门禁子系统的 Android 端应用功能，目的是可以及时获取用户 RFID 卡信息和门锁（可用电动推杆代替）开关状态，并可以手动控制门锁的开和关。

169

物联网项目设计与实施

具体要求：

（1）智慧卫生间子系统分为用户 RFID 卡信息读取和门锁智能控制两个模块。

（2）通过中距离一体机，实现用户 RFID 卡信息读取功能。

（3）通过云平台可以获取门锁的开或者关的状态信息，并可以实现远程手动控制门锁的开和关。

（4）通过事先存在 MySQL 数据库的户主卡号信息与实时获取云平台的卡号对比授权 RFID 卡信息，实现门锁的自动开和关。

扫一扫看参考代码：智能门禁 UI 界面设计

2. 界面搭建

智能门禁子系统分为用户 RFID 卡信息读取和门锁智能控制两个模块，据此进行"智能门禁子系统"的 UI 界面设计。fragment_blank.xml 文件界面效果图如图 4-3-50 所示。

图 4-3-50 fragment_blank.xml 文件界面效果图

3. 功能实现

1）控件命名

为各控件设置 id。

卡号：Access_control_Infrared_radiation_value

开关门：Access_control_door

回到 BlankFragmentjava 文件进行相应设置。

扫一扫看参考代码：界面控件命名

在 BlankFragment.java 中异常报错解决方法：如图 4-3-51 所示，删除方框中代码，并把 root 设置成为全局变量即可，在上述代码有所体现。

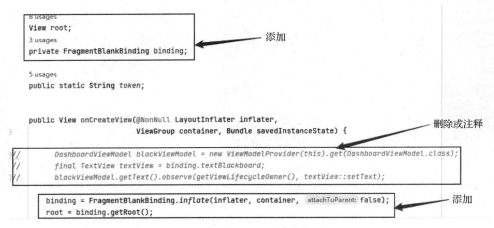

图 4-3-51 异常报错解决方法

2）连接云平台

下面进行云平台的连接，打开 BlankFragment.java 文件，在其中编写一个连接云平台的方法 Connect()。

扫一扫看参考代码：门禁连接云平台

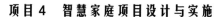

项目 4 智慧家庭项目设计与实施

在 onCreate()方法中调用 Connect(),将自己云平台的项目 ID、账号、密码传进去。

```
Connect("项目ID","https://api.nlecloud.com","账号","密码");
```

历史数据更新,首先参考之前的获取数据的 Demo。

然后将上面实例化中的控件 list,动态添加 TextView 控件,使用 handler 更新 UI,从而实现更新历史数据的效果。

扫一扫看参考代码:获取数据

扫一扫看参考代码:界面 UI 更新

3)实例化连接云平台对象

获取云平台数据,连接成功以后,在 BlankFragment 类的 onCreate() 方法中实例化获取数据和控制设备的连接器。

扫一扫看参考代码:实例化连接器

4)控件绑定

```
1.   //初始化
2.   public void Initialization(){
3.       Access_control_msg=root.findViewById(R.id.Access_control_msg);
4.       Access_control_door=root.findViewById(R.id.Access_control_open_door);
5.       list = root.findViewById(R.id.list);
6.       editTextTextPersonName = root.findViewById(R.id.editTextTextPersonName);
7.   }
```

5)获取云平台传感器数据

开始获取数据,为了方便、代码的整洁,将获取数据也封装成一个方法,获取历史数据同为一个方法 Get_data()。

6)实现执行器设备控制

下面进行设备控制的 Implement()方法编写。在控制相应设备的时候,调用此方法即可。

```
1.   //执行器
2.   public void Implement(String device_id,String api_tag,int i){
3.       try {
4.           Implement_netWorkBusiness.control(device_id, api_tag, i, new NCallBack<BaseResponseEntity>(getContext()) {
5.               @Override
6.               protected void onResponse(BaseResponseEntity baseResponseEntity) {
7.                   if (baseResponseEntity.getStatus() == 0) {
8.                       //Toast.makeText(getContext(), "控制成功", Toast.LENGTH_SHORT).show();
9.                   }
10.              }
11.          });
12.      }catch (Exception e){
13.      }
14.  }
```

例:如图 4-3-52 所示,单击右侧滑块,实现开启或关闭门。

物联网项目设计与实施

图 4-3-52　控制界面控件效果图　　扫一扫看参考代码：开关门控制

参考代码中 device_id 为云平台网关设备 ID，api_tag 为传感器设备标识。

户主卡号设置策略：创建一个 work 方法，当用户在 EitTxt 控件中输入授权卡号与实时读取的卡号进行比对，相同开门，反之则关门，该方法放到 BlankFragment.java 的 OnCreate 方法中。

```
1.    private void work() {
2.        new Timer().schedule(new TimerTask() {
3.            @Override
4.            public void run() {
5.                if(editTextTextPersonName.getText().toString().equals(Access_control_Infrared_radiation_value) && editTextTextPersonName.getText().toString() != null ){
6.                    Implement("772740","m_tui",0);
7.                }else {
8.                    Implement("772740","m_tui",1);
9.                }
10.           }
11.       },1000,2000);
12.   }
```

完成上述操作就已经实现了卡号获取与执行器的控制，智能门禁最终界面效果图参考图 4-3-53。

7）MySQL 的下载与安装

MySQL 下载官网：https://dev.*****.com/

下载完成后，解压到任意位置即可。首先进入电脑"开始"菜单，按空格搜索"cmd"，然后选择以管理员运行命令提示符。

进入之后首先将路径改为 C 盘（根据自己下载解压的位置），如图 4-3-54 所示。

然后使用 cd 命令，将路径改为解压数据库的文件夹中的 bin 文件夹，如图 4-3-55 所示。

图 4-3-53　智能门禁最终界面效果图

图 4-3-54　将路径改为 C 盘 　　　图 4-3-55　将路径更改为数据库文件夹的 bin 文件夹下面

接着，在我的电脑->属性->高级->环境变量，选择 Path，在其后面添加：mysql bin 文件夹的路径，如 C:\mysql\mysql-5.7.41-winx64\bin。环境变量配置界面如图 4-3-56 所示。

172

项目4 智慧家庭项目设计与实施

配置完环境变量之后，在 C:\mysql\mysql-5.7.41-winx64 目录下新增加一个配置文件 mysql.ini，同时在 bin 的同级目录下创建一个 data 文件夹（用于存放数据库数据），如图 4-3-57 所示。

使用命令安装数据库，安装命令为 mysqld -install，如图 4-3-58 所示。

在 mysql.ini 文件中写入以下内容：

其中 basedir 为数据库安装文件夹路径，datadir 为数据库中的 data 文件夹路径。完成后，保存文件，返回 cmd。

打开 cmd，不需要进入安装目录（因为之前配置过环境变量），输入 mysqld--initialize-I nsecure--user=mysql 命令，回车，没有反应，如图 4-3-59 所示。

图 4-3-56　环境变量配置界面

图 4-3-57　建立存放数据库文件夹

图 4-3-58　执行安装数据库命令

扫一扫看参考代码：MySQL配置

图 4-3-59　执行初始化数据库命令

通过命令管理 MySQL 服务，开启服务命令为：net start MySQL，注意要在管理员权限下进行，如图 4-3-60 所示。

从图 4-3-60 可以看到，MySQL 服务已经开启，当然也可以使用 windows 服务管理器开启 MySQL 服务，这里不再进行详细介绍。

登录以及设置密码，登录命令：mysql -u root -p。

图 4-3-60　执行启用数据库命令 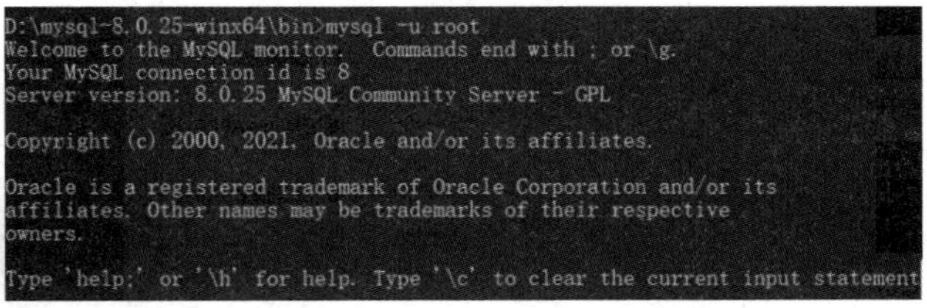　　　　　　图 4-3-61　登录数据库命令

173

如图 4-3-61 所示，已经登录成功，接着设置密码：grant all privileges on *.* to 'root'@'%' identified by '123456';

如图 4-3-62 所示，密码修改成功。此时使用命令 exit 或 quit 即可退出命令，如图 4-3-63 所示。

图 4-3-62　修改数据库登录密码命令　　　　　　　图 4-3-63　退出数据库命令

再次登录时，即可使用此命令登录 mysql -uroot -p123456。

注：u 后面为用户名，p 后面为密码。

8）数据库 Navicat 的使用

由于 MySQL 具有可部署性强、可以与 Java 语言相结合的特点，智慧家庭设备数量较多、历史数据需要记录、数据量较大，因此智慧家庭系统采用 MySQL 数据库进行存储数据。

为了程序的规范以及在使用期间方便调用数据库，在设计 Android 平台时，将数据库的连接、查询、删除等操作封装成一个 Java 类，既保证了程序的规范性，也保证了程序在使用时的调用方便。MySQL 数据库封装内容框架如图 4-3-64 所示。

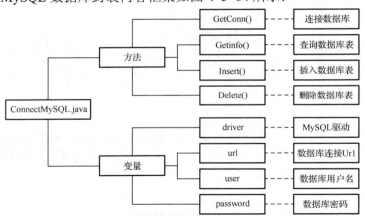

图 4-3-64　MySQL 数据库封装内容框架

安装 Navicat 软件，使用 Navicat 软件连接至刚刚新建的数据库，如图 4-3-65 所示。

图 4-3-65　使用 Navicat 软件连接 MySQL 数据库

新建数据库，创建表。建表流程如图 4-3-66 所示。

图 4-3-66　建表流程

在 Navicat 软件中新建并设计表的结构图如图 4-3-67 所示。

图 4-3-67　在 Navicat 软件中新建并设计表的结构图

然后在 Android 编译器中可以调用类库中的方法来实现数据库的连接、增加、删除等操作。

9）Android 连接 MySQL 数据库

首先在 Android 的 libs 目录导入 MySQL 的 jar 包，如图 4-3-68 所示。

扫一扫看参考代码：数据库访问

在 com.example.smart_home 的包名下创建一个类名为 DBOpenHelper.java 的文件（数据库工具类），如图 4-3-69 所示。

图 4-3-68　MySQL jar 包的导入路径　　图 4-3-69　创建 DBOpenHelper.java 文件

DBOpenHelper.java 代码实现：

```
1. private static String diver = "com.mysql.jdbc.Driver";
2. private static String url = "jdbc:mysql://172.18.14.101:3306/test";
3. private static String user = "root";//用户名
4. private static String password = "123456";//密码
```

物联网项目设计与实施

上述代码需根据项目实际情况进行修改：

（1）172.18.14.101 为安装 mysql 数据库的本机 IP。

（2）3306 为默认端口。

（3）test 为上文创建的数据库名。

确定上述参数之后，在前面的代码基础上继续完成 DBOpenHelper.java 的代码。

应用举例 1：若要简单实现将获取到的实时传感器数据定期存放到数据库，在 BlankFragment.java 代码加入一个插入数据的方法即可。

这里给出五秒更新一次当前卡号信息，也可以自己添加其他传感器数据。MySQL 数据库储存的刷卡记录如图 4-3-70 所示。

扫一扫看参考代码：定期更新 RFID 卡

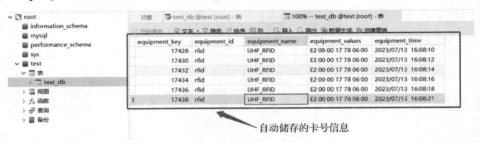

图 4-3-70　MySQL 数据库储存的刷卡记录

应用举例 2：获取数据库中的户主卡号信息表，与实时获取云平台拿到的卡号信息进行比对，从而判断卡号是否正确。

思路：新建一个户主表，里面存放被授权的卡号信息，在 Android 中获取这个表中的户主卡号，再与实时获取的云平台卡号进行比对即可，请自主完成。

任务检查与评价

任务实施完成后，开展任务检查与评价，相关表格位于任务工单 4.3 中。请参照评分标准完成任务自查、组内互评，并将分数登记到网络学习平台中。

任务 4.4　系统集成部署

扫一扫看教学课件：任务 4.4 系统集成部署

任务描述与要求

扫一扫看任务 4.4 任务工单

任务描述

智慧家庭项目经过需求分析与方案设计流程后，可进入项目实施阶段。本任务要求根据系统方案进行项目的实施。

任务要求

（1）完成项目的设备安装规划图、设备连接图等图表的绘制。

（2）完成网络链路系统的安装与调试。

（3）完成各系统感知层设备的安装与调试。

（4）完成各系统云平台应用的部署。

（5）完成智慧家庭项目的系统测试。

项目 4　智慧家庭项目设计与实施

任务计划

请根据任务要求编制本任务的实施计划表并完善任务工单 4.4，任务实施计划表模板见表 4-4-1。

表 4-4-1　任务实施计划表

序号	任务内容	负责人

任务实施

4.4.1　绘制设备安装规划图

智慧家庭项目设备区域布局图如图 4-4-1 所示。

现要求结合任务 4.2 形成的"感知层设备清单"与"网络层设备清单"，规划各设备的具体安装位置，在任务工单 4.4 中绘制"设备安装规划图"。

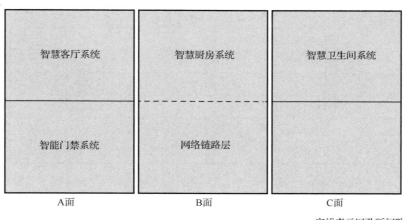

图 4-4-1　智慧家庭项目设备区域布局图

4.4.2　绘制设备连接图

根据"设备安装规划图"，利用 Visio 软件，在任务工单 4.4 中绘制"设备连接图"。

4.4.3　部署网络链路系统

1. 功能描述与具体要求

在安装部署各信息系统前需要先在机房中部署网络链路系统。机房是智慧家庭的控制中心，它为各个信息系统提供了网络链路支撑。

网络链路系统部署的具体需求如下：

物联网项目设计与实施

（1）根据"设备安装规划图"，在网络链路系统区域安装相关的网络设备：路由器、交换机、物联网中心网关、串口服务器、RS-485 设备（数字量）。

（2）配置无线路由器。

（3）配置物联网中心网关。

（4）配置串口服务器。

（5）为各个网络设备配置 IP 地址。

2. 网络链路系统设备安装

按照已绘制的"设备安装规划图"安装网络链路系统相关的网络设备。

3. 配置路由器

根据表 4-4-2 进行路由器的配置。

请注意将配置内容中的"工位号"字符替换为实际的工位号数字，如 01、02、10 等。

表 4-4-2　路由器配置表

网络配置项	配置内容
网络设置	
WAN 口连接类型	自动获取 IP 地址
无线设置	
无线网络名称（SSID）	IOT 工位号
无线密码	任意设定
局域网设置	
LAN 口 IP 设置	手动
IP 地址	172.16.工位号.1
子网掩码	255.255.255.0

路由器上网设置的界面参考截图如图 4-4-2 所示。

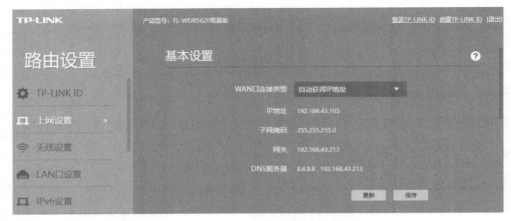

图 4-4-2　路由器上网设置界面的参考截图

路由器 LAN 口设置界面的参考截图如图 4-4-3 所示。

项目 4　智慧家庭项目设计与实施

图 4-4-3　路由器 LAN 口设置界面参考截图

4. 配置串口服务器

根据表 4-4-3 进行串口服务器的配置。

表 4-4-3　串口服务器配置表

设备	连接端口	端口号及波特率
RFID 超高频读写器	COM1	6001，115 200
RS-485 设备（数字量）	COM2	6002，9 600
ZigBee 协调器-黑	COM3	6003，38 400
RS-485 设备（模拟量）	COM4	6004，9 600

配置串口服务器结果图如图 4-4-4 所示。

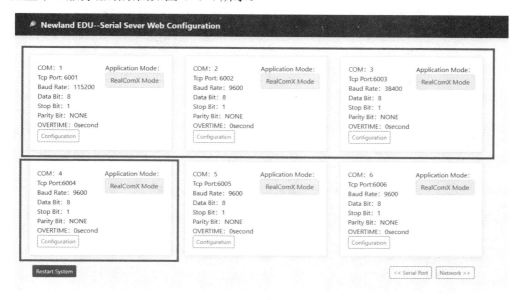

图 4-4-4　配置串口服务器结果图

179

5. 烧写与配置 ZigBee 模块

1）烧写 ZigBee 模块

使用 ZigBee 模块前，需要对其进行"程序烧写"操作，如图 4-4-5 所示。

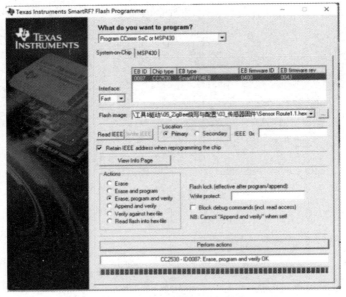

图 4-4-5　ZigBee 程序烧写

2）配置 ZigBee 模块

根据表 4-4-4 进行 ZigBee 协调器与终端节点的配置。

表 4-4-4　ZigBee 模块配置表

设备	参数类型	值
所有的 ZigBee 模块	网络号（PanID）	12××
	信道号（Channel）	11~26
	序列号	自行设定

注：为避免信道冲突，"网络号"请自行设定唯一的参数值。请将"××"替换为工位号，如"01""03""10"等。

6. 配置物联网中心网关

根据表 4-4-5 物联网中心网关连接器配置表进行网关连接器配置。

表 4-4-5　物联网中心网关连接器配置表

设备名称	连接器名称
RFID 中距离一体机	Connector_RFID
ADAM 4150	Connector_4150
ZigBee 协调器	Connector_ZigBee
ADAM 4017	Connector_4017

项目4 智慧家庭项目设计与实施

1）配置 Docker 库地址

物联网中心网关需要先配置 Docker 库地址，如图 4-4-6 所示。

图 4-4-6　设置物联网中心网关的 Docker 库地址

2）新增 RFID 中距离一体机连接器

新增 RFID 中距离一体机连接器如图 4-4-7 所示。

3）新增 4150 连接器

新增 4150 连接器如图 4-4-8 所示。

图 4-4-7　新增 RFID 中距离一体机连接器

图 4-4-8　新增 4150 连接器

4）新增 ZigBee 协调器连接器

新增 ZigBee 协调器连接器如图 4-4-9 所示。

5）新增 4017 连接器

新增 4017 连接器如图 4-4-10 所示。

图 4-4-9　新增 ZigBee 协调器连接器

图 4-4-10　新增 4017 连接器

181

6）新增 RFID 设备

根据表 4-4-6 的信息进行 RFID 连接的设备配置，如图 4-4-11 所示。

表 4-4-6　RFID 连接的设备配置信息

设备名称	标识	类型	通道号
中距离一体机	m_rfid	rfid超高频	无

配置好的 RFID 设备数据监控界面如图 4-4-12 所示。

图 4-4-11　新增 RFID 设备　　　　图 4-4-12　RFID 设备数据监控界面

7）新增 4150 设备

为 4150 连接器新增 4150 设备如图 4-4-13 所示。

4150 设备下新增排风扇的配置如图 4-4-14 所示。

图 4-4-13　为 4150 连接器新增 4150 设备　　图 4-4-14　4150 设备下新增排风扇的配置

根据表 4-4-7 的信息进行 4150 连接的执行器的配置。

表 4-4-7　4150 连接的执行器配置信息

序号	设备名称	标识	类型	通道号
1	排风扇	m_fan	排风扇	DO0
2	电动推杆	m_pushrod	电动推杆	DO1、DO2
3	照明灯	m_lamp	照明灯	DO3
4	报警灯	m_alarm	报警灯	DO4

4150 设备数据监控界面如图 4-4-15 所示。

图 4-4-15　4150 设备数据监控界面

8）新增 ZigBee 协调器设备

根据表 4-4-8 进行 ZigBee 协调器连接的传感器和执行器的配置。

表 4-4-8　ZigBee 传感器配置表

序号	传感名称	标识名称	序列号	传感类型	通道号
1	ZigBee 湿度	Z_hum	1001	湿度	无
2	ZigBee 温度	Z_temp	1001	温度	无
3	ZigBee 光照	Z_light	1002	光照	无
4	ZigBee 空气质量	Z_air_quire	1003	空气质量	无
5	ZigBee 可燃气	Z_CH4	1004	可燃气	无
6	ZigBee 人体感应	Z_body	1005	人体感应	无

为 ZigBee 协调器新增 ZigBee 传感器如图 4-4-16 所示。

图 4-4-16　为 ZigBee 协调器新增 ZigBee 传感器

ZigBee 协调器数据监控界面如图 4-4-17 所示。

图 4-4-17　ZigBee 协调器数据监控界面

9）新增 4017 设备

为 4017 连接器新增 4017 设备如图 4-4-18 所示。

物联网项目设计与实施

根据表 4-4-9 的信息进行 4017 连接的传感器的配置。

表 4-4-9　4017 连接传感器配置信息

设备名称	标识	类型	通道号
大气压传感器	m_pressure	电流型传感器	VIN7

4017 设备下新增大气压力传感器的配置如图 4-4-19 所示。

图 4-4-18　为 4017 连接器新增 4017 设备　　　图 4-4-19　4017 设备下新增大气压力传感器的配置

4017 设备数据监控界面如图 4-4-20 所示。

7. 配置各网络设备的 IP 地址

根据表 4-4-10 设备 IP 地址表进行各个网络设备的 IP 地址配置。

设置完成后,使用 IP 扫描工具扫描,如图 4-4-21 所示。

表 4-4-10　设备 IP 地址表

设备名称	配置内容	备注
服务器	IP 地址:172.16.工位号.11 首选 DNS:8.8.8.8	
工作站	IP 地址:172.16.工位号.12 首选 DNS:8.8.8.8	
移动互联终端	IP 地址:172.16.1.14	
串口服务器	IP 地址:172.16.1.15	
中心网关	IP 地址:172.16.1.16	用户名:newland 密　码:newland

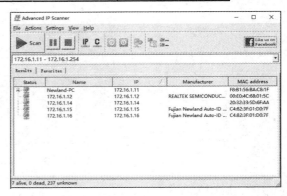

图 4-4-20　4017 设备数据监控界面　　　　　图 4-4-21　各网络设备的 IP 地址扫描结果

4.4.4 部署智慧客厅子系统

1. 功能描述与具体要求

家庭中客厅是对外接待的窗口,其重要性不言而喻。为了提高用户的满意度,现需要借助物联网技术对环境信息进行精细化控制,具体需求如下:

(1) 加装温湿度传感器:检测室内温湿度,当环境温度超过 25 ℃或者湿度超过 65%时,系统自动开启空调(可用风扇代替),否则将其关闭。

(2) 加装光照传感器:检测室内外亮度,当室外亮度超过 30 000 lux 或者小于 500 lux 时,关闭电动窗帘(可用电动推杆代替),否则将其打开。

2. 智慧客厅子系统设备安装

按照"设备安装规划图"进行智慧客厅子系统的相关设备安装。

3. 云平台设备配置

按照图 4-4-22 在云平台上完成"添加设备"的配置。

按照表 4-4-11 智慧客厅云平台设备配置参数表,在物联网中心网关完成相应设备的配置。

图 4-4-22 云平台添加网关设备

表 4-4-11 智慧客厅云平台设备配置参数表

设备类型	设备名	名称	云平台标识
传感器	ZigBee 温度	温度	z_temp
	ZigBee 湿度	湿度	z_hum
	ZigBee 光照	室外光照	z_outdoor_light
执行器	风扇	风扇(代替空调)	m_fan
	电动推杆	窗帘开	m_curtain_open
		窗帘关	m_curtain_close

在物联网中心网关完成设备添加相关的操作后,待网关上线后将自动在云平台适配生成相应的设备。智慧客厅云平台相关设备界面如图 4-4-23 所示。

图 4-4-23 智慧客厅云平台相关设备界面

物联网项目设计与实施

4. 云平台自动控制策略配置

根据智慧客厅功能描述与具体要求,配置云平台的自动控制策略,如图 4-4-24、图 4-4-25、图 4-4-26 和图 4-4-27 所示。

图 4-4-24　自动打开空调的控制策略配置

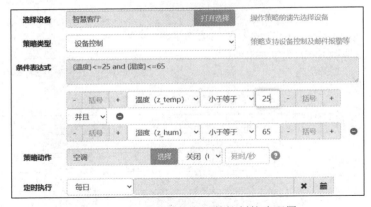

图 4-4-25　自动关闭空调的控制策略配置

图 4-4-26　自动关闭电动窗帘的策略配置

项目4 智慧家庭项目设计与实施

图 4-4-27 自动打开电动窗帘的策略配置

5. 绘制智慧客厅自动化控制的流程图

使用 Visio 软件绘制智慧客厅自动化控制的流程图，如图 4-4-28 所示。

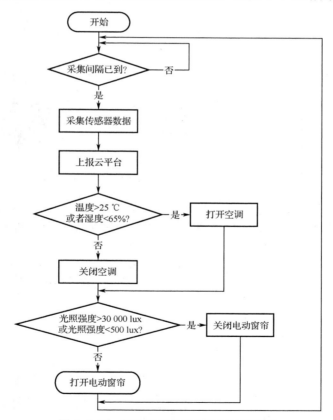

图 4-4-28 智慧客厅自动化控制的流程图

6. 云平台应用开发

在云平台上进行应用开发的要求如下：

（1）使用组态软件创建应用，命名为"智慧客厅子系统"，如图 4-4-29 所示。

187

物联网项目设计与实施

图 4-4-29　创建云平台应用

（2）应用可显示客厅最近 10 分钟温度、湿度、室外光照的实时数值，并可通过动态曲线进行展示。曲线以分钟为间隔，如图 4-4-30 所示。

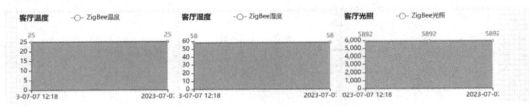

图 4-4-30　客厅内最近十分钟温湿度、光照传感器数值

（3）应用可实时显示当前客厅温湿度值、客厅室外光照值、空调与电动窗帘的工作状态，并支持手动单击的方式控制空调、窗帘的工作状态。要求界面布局合理美观，云平台应用界面设计参考图如图 4-4-31 所示。

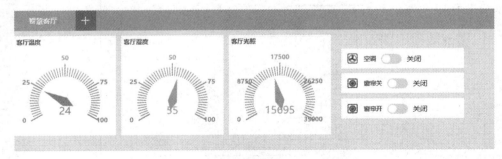

图 4-4-31　云平台应用界面设计参考图

4.4.5　部署智慧厨房子系统

1. 功能描述与具体要求

为了提升用户体验，需要为家庭厨房增加可燃气体（燃气）检测自动报警排气模块、气压

不足自动换气模块,可以自动控制排气扇、自动换气模块的开启与关闭,具体控制需求如下:

(1)当检测到可燃气体(燃气)浓度大于等于 20 ppm 时,自动打开报警灯和排气扇,否则关闭。

(2)当检测到厨房大气压力小于等于 90 kPa 时,则自动打开换气扇,否则关闭。

2. 智慧厨房设备安装

根据"设备安装规划图"完成智慧厨房子系统的设备安装。

3. 云平台设备配置

按照表 4-4-12 智慧厨房云平台设备配置参数表,在物联网中心网关完成相应设备的配置。

表 4-4-12　智慧厨房云平台设备配置参数表

设备类型	设备名	名称	云平台标识
传感器	大气压传感器	大气压	m_pressure
	可燃气体传感器	可燃气体	z_CH4
执行器	报警灯	报警系统	m_alarm
	风扇	排气扇	m_fan
	风扇	换气扇	m_coafan

在物联网中心网关完成设备添加相关的操作后,待网关上线后将自动在云平台适配生成相应的设备。智慧厨房云平台设备参考如图 4-4-32 所示。

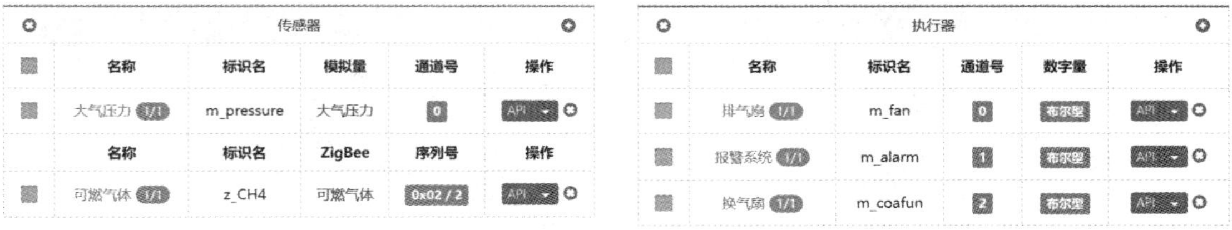

图 4-4-32　智慧厨房云平台设备配置界面参考

4. 云平台自动控制策略配置

根据智慧厨房功能描述与具体要求,配置云平台的自动控制策略。完成效果如图 4-4-33、图 4-4-34、图 4-4-35 和图 4-4-36 所示。

图 4-4-33　可燃气体超标报警策略配置参考

图 4-4-34 可燃气体未超标策略配置参考

图 4-4-35 大气压调节策略配置参考

图 4-4-36 大气压调节策略配置参考

5. 绘制智慧厨房自动化控制的流程图

使用 Visio 软件绘制客厅自动化控制的流程图，如图 4-4-37 所示。

项目 4　智慧家庭项目设计与实施

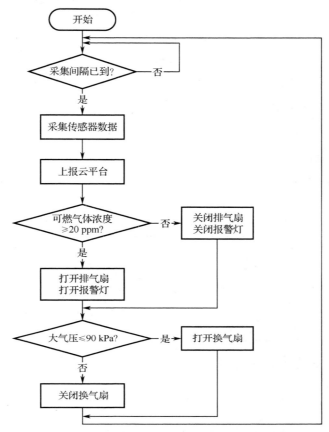

图 4-4-37　智慧厨房自动化控制的流程图

6. 云平台应用开发

在云平台上进行应用开发的要求如下：

（1）使用组态软件创建应用，并将应用命名为"智慧厨房子系统"。

（2）应用可实时显示当前传感器的数值，还有报警灯、排气扇的工作状态，并可手动控制报警灯和排气扇的工作状态，如图 4-4-38 所示。

图 4-4-38　智慧厨房云平台应用界面设计参考

4.4.6　部署智慧卫生间子系统

1. 功能描述与具体要求

为了改善用户对于卫生间使用体验，家庭为每个卫生间加装自动排气系统和智能灯控系

统,具体控制需求如下:

(1)当检测到卫生间空气质量传感器数值大于 10 μg/m^3 时,自动打开排气扇,否则自动关闭。

(2)当检测到卫生间有人时,自动打开卫生间照明灯,否则自动关闭。

2. 智慧卫生间设备安装

根据"设备安装规划图"完成智慧卫生间子系统的设备安装。

3. 云平台设备配置

按照表 4-4-13 智慧卫生间云平台设备配置参数表,在物联网中心网关完成相应设备的配置。

表 4-4-13 智慧卫生间云平台设备配置参数表

设备类型	设备名	名称	云平台标识
传感器	ZigBee 空气质量	空气质量传感器	z_air_quire
	ZigBee 人体传感器	人体监测	z_body
执行器	照明灯	照明灯	m_lamp
	风扇	排气扇	m_fun

在物联网中心网关进行完设备添加相关的操作后,待网关上线后将自动在云平台适配生成相应的设备。智慧卫生间云平台设备配置界面如图 4-4-39 所示。

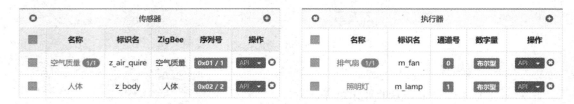

图 4-4-39 智慧卫生间云平台设备配置界面

4. 云平台自动控制策略配置

根据智慧卫生间功能描述与具体要求,配置云平台的自动控制策略。空气质量传感器的策略配置如图 4-4-40 和图 4-4-41 所示。

图 4-4-40 空气质量传感器数值触发排气扇工作的策略配置(打开)

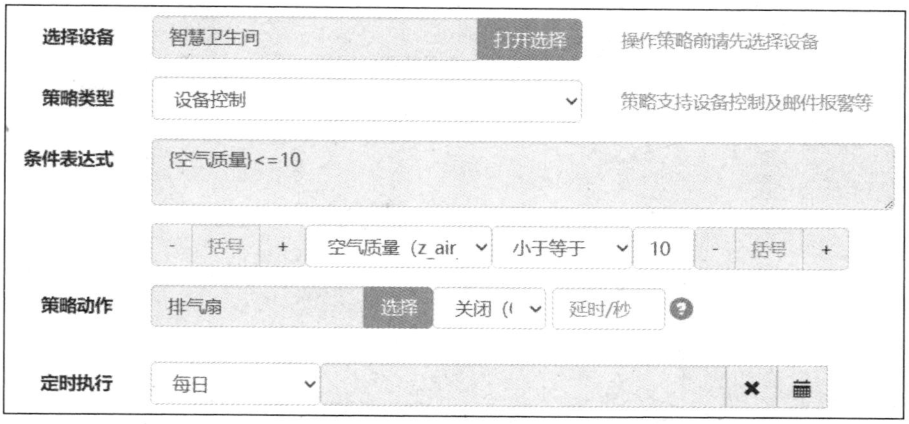

图 4-4-41 空气质量传感器数值未触发排气扇工作的策略配置（关闭）

人体传感器的策略配置如图 4-4-42 和图 4-4-43 所示。

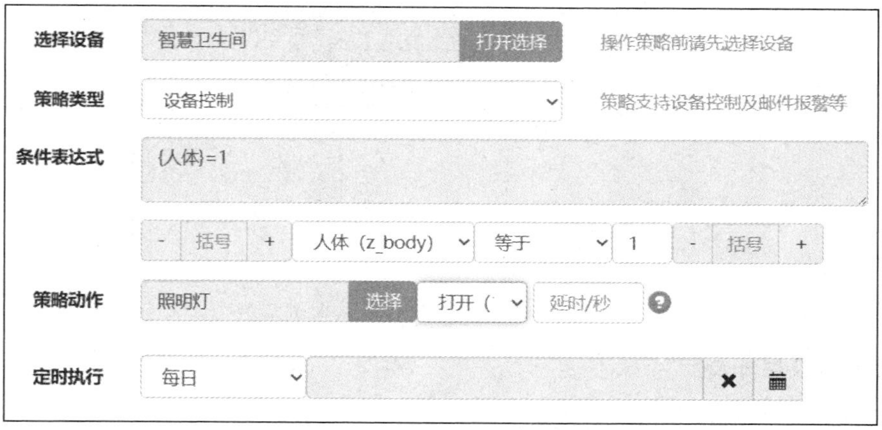

图 4-4-42 人体传感器的策略配置（打开）

图 4-4-43 人体传感器的策略配置（关闭）

5. 绘制智慧卫生间自动化控制的流程图

使用 Visio 软件绘制智慧卫生间自动化控制的流程图，如图 4-4-44 所示。

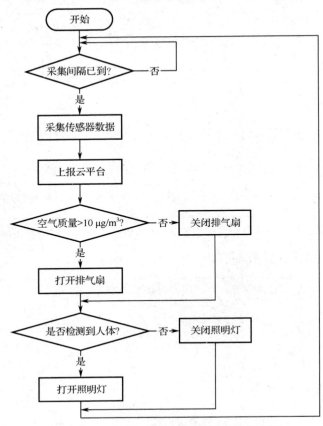

图 4-4-44　智慧卫生间自动化控制的流程图

6. 云平台应用开发

在云平台上进行应用开发的要求如下：

（1）使用组态软件创建应用，将应用命名为"智慧卫生间子系统"。

（2）应用可实时显示当前传感器的数值和排气扇和照明灯的工作状态，并可以手动控制排气扇和照明灯的工作状态。要求界面布局合理美观，如图 4-4-45 所示。

图 4-4-45　智慧卫生间云平台应用界面设计

4.4.7　部署智能门禁子系统

1. 功能描述与具体要求

为了改善用户对于门锁的使用体验，需要为家庭门口加装智能门禁系统。该系统可借助

项目 4　智慧家庭项目设计与实施

智能门锁完成智能抓拍、刷卡开门等操作，具体控制需求如下：

家庭大门需要自动识别模块，中距离一体机检测到用户标识后打开门，否则关门。

2. 智能门禁系统设备安装

根据"设备安装规划图"完成智能门禁子系统的设备安装。

3. 云平台设备配置

按照表 4-4-14 智能门禁云平台设备配置参数表，在物联网中心网关完成相应设备的配置。

表 4-4-14　智能门禁云平台设备配置参数表

设备类型	设备名	名称	云平台标识
传感器	RFID 中距离一体机	RFID	m_rfid
执行器	电动推杆	门锁开	m_lock_open
执行器	电动推杆	门锁关	m_lock_close

在物联网中心网关完成设备添加相关的操作后，待网关上线后将自动在云平台适配生成相应的设备。智能门禁云平台设备配置界面参考如图 4-4-46 所示。

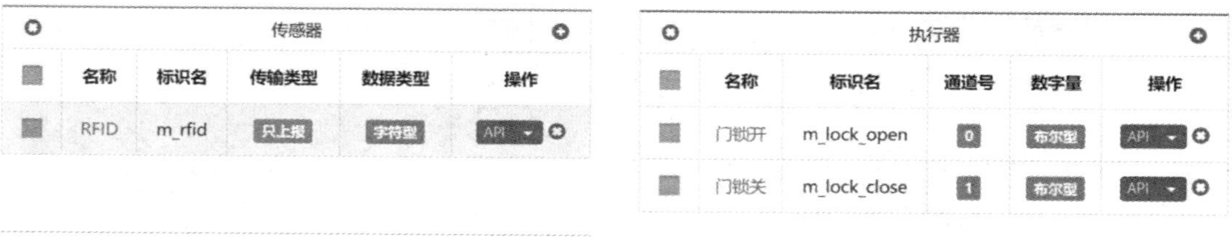

图 4-4-46　智能门禁云平台设备配置界面参考

4. 云平台自动控制策略配置

根据功能描述与具体要求，配置云平台的自动控制策略。门锁的策略配置参考如图 4-4-47 和图 4-4-48 所示。

图 4-4-47　门锁的策略配置参考 1

物联网项目设计与实施

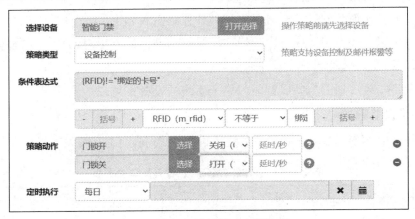

图 4-4-48 门锁的策略配置参考 2

5. 绘制智慧客厅自动化控制的流程图

使用 Visio 软件绘制客厅自动化控制的流程图,如图 4-4-49 所示。

6. 云平台应用开发

在云平台上进行应用开发的要求如下:

(1) 使用组态软件创建应用,并将应用命名为"智能门禁子系统"。

(2) 应用可显示门禁当前工作状态,可动态获取用户卡号,并可手动控制门锁的开合。要求界面布局合理美观,如图 4-4-50 所示。

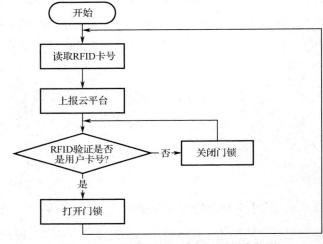

图 4-4-49 智能门禁自动化控制的流程图

图 4-4-50 智能门禁云平台应用界面设计参考

任务检查与评价

任务实施完成后,开展任务检查与评价,相关表格位于任务工单 4.4 中。请参照评分标准完成任务自查、组内互评,并将分数登记到网络学习平台中。